안쌤의 사고력 수학 퍼즐

펜토미노 퍼즐

Unit 01 도형

펜토미노 ---- 4

01 폴리오미노
02 펜토미노 만들기
03 펜토미노 찾기
04 조각 맞추기

Unit 02 도형

도형의 이동 ---- 14

01 도형의 이동
02 도형 뒤집기
03 도형 돌리기
04 뒤집고 돌리기

Unit 03 수와 연산

펜토미노 연산 ---- 24

01 알맞은 식 세우기
02 도형 움직이기
03 도형 올려놓기
04 두 수의 합

Unit 04 도형

대칭도형 ---- 34

01 대칭도형
02 선대칭도형
03 점대칭도형
04 도형 찾기

※ 펜토미노(103쪽)와 8×8 크기의 정사각형 만들기(105쪽)를 학습에 활용해 보세요.

Unit 05 문제 해결

모양 만들기 ---- 44

01 조각 맞추기
02 조각 둘러싸기
03 길 만들기
04 동물 모양 만들기

Unit 06 수와 연산

직사각형과 정사각형 ---- 54

01 조각의 개수
02 직사각형 만들기
03 정사각형 만들기
04 사각형 만들기

Unit 07 도형

도형의 둘레 ---- 64

01 둘레 구하기
02 가장 크게
03 가장 작게
04 도형 만들기

Unit 08 문제 해결

펜토미노 퍼즐 ---- 74

01 상자 퍼즐
02 전개도 퍼즐
03 숫자 퍼즐
04 달력 퍼즐

펜토미노

| 도형 |

펜토미노에 대해 알아봐요!

Unit 01 01 폴리오미노
Unit 01 02 펜토미노 만들기
Unit 01 03 펜토미노 찾기
Unit 01 04 조각 맞추기

Unit 01 01 폴리오미노 | 도형 |

크기가 같은 정사각형 3개를 변이 맞닿게 붙여 하나의 도형을 만들려고 합니다. 방향을 생각하지 않고 만들 수 있는 도형을 모두 그려 보세요.

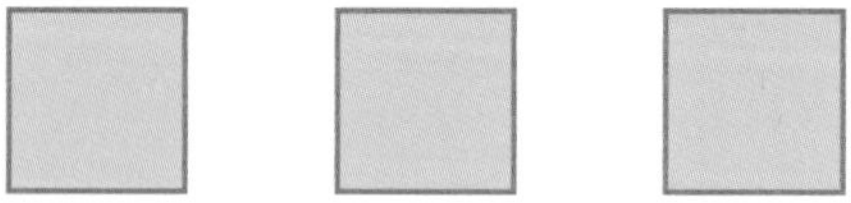

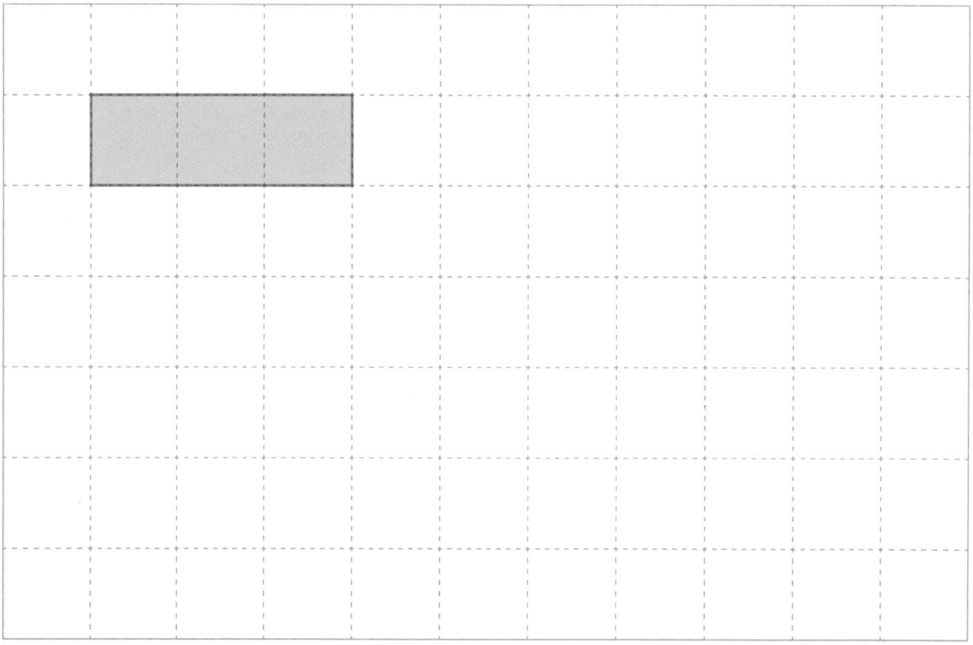

위에서 그린 도형을 트리오미노라고 합니다. 이 모양들 중 뒤집거나 돌렸을 때 같은 모양은 한 가지 모양으로 볼 때 서로 다른 모양의 트리오미노는 모두 몇 가지인지 구해 보세요.

크기가 같은 정사각형들을 변이 맞닿게 붙여 하나로 이어 만든 도형을 폴리오미노라고 합니다.

크기가 같은 정사각형 4개를 변이 맞닿게 붙여 하나로 이어 만든 도형을 테트로미노라고 합니다. 정사각형 4개로 만들 수 있는 도형을 모두 그려 보세요. (단, 뒤집거나 돌렸을 때 같은 모양은 한 가지 모양으로 봅니다.)

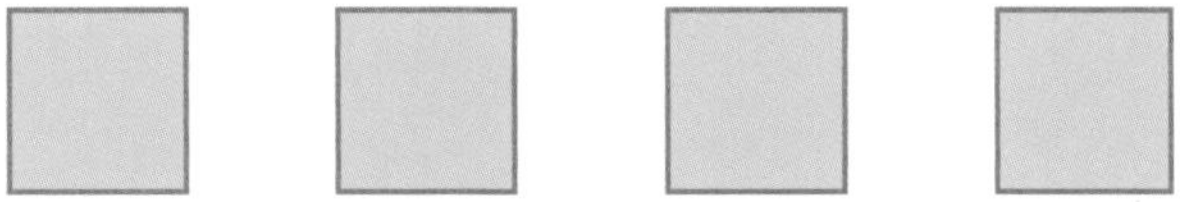

Unit 01

정답 86쪽

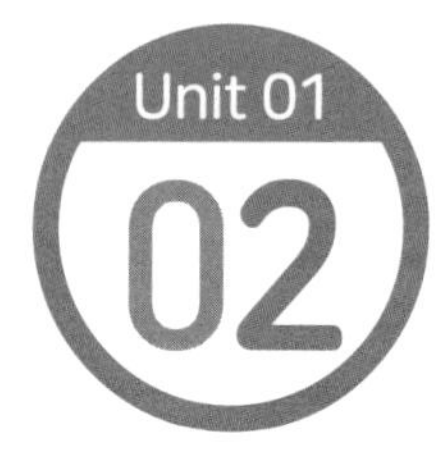

Unit 01

02 펜토미노 만들기 | 도형 |

크기가 같은 정사각형 5개를 변이 맞닿게 붙여 하나로 이어 만든 도형을 펜토미노라고 합니다. 물음에 답하세요. (단, 뒤집거나 돌렸을 때 같은 모양은 한 가지 모양으로 봅니다.)

◉ 주어진 도형에 정사각형을 1개씩 더 그려 넣어 모양이 다른 펜토미노를 완성해 보세요.

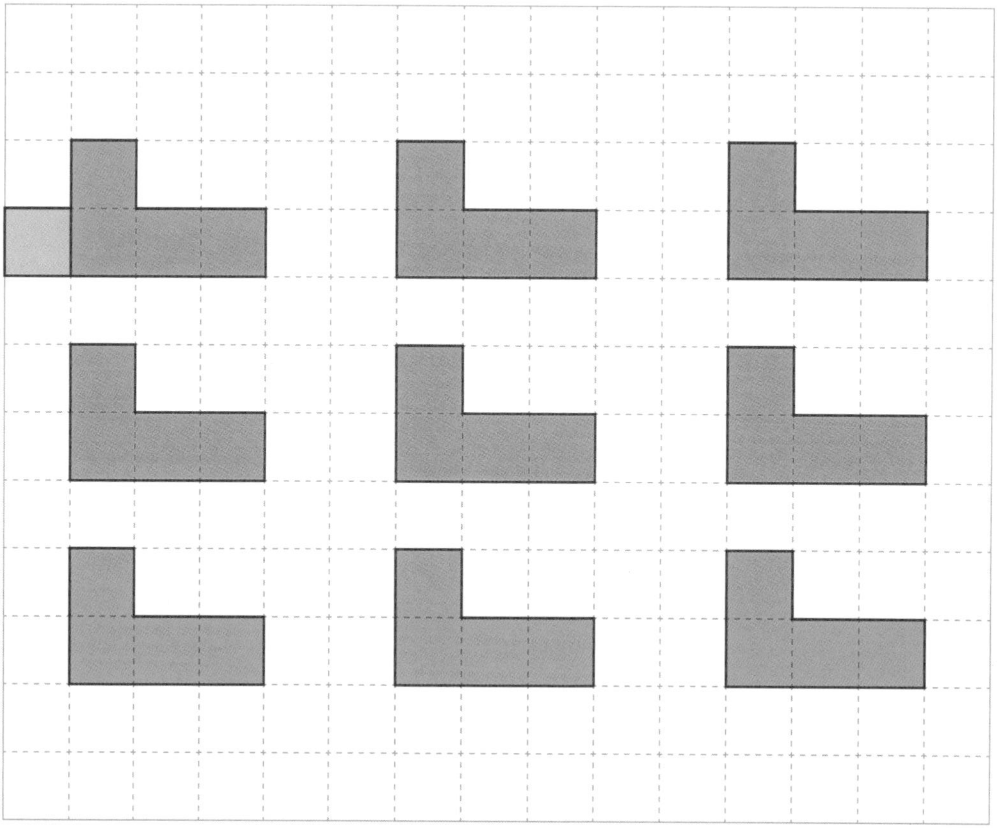

⊙ 주어진 도형에 정사각형을 1개씩 더 그려 넣어 앞에서 그린 모양과 다른 펜토미노를 완성해 보세요.

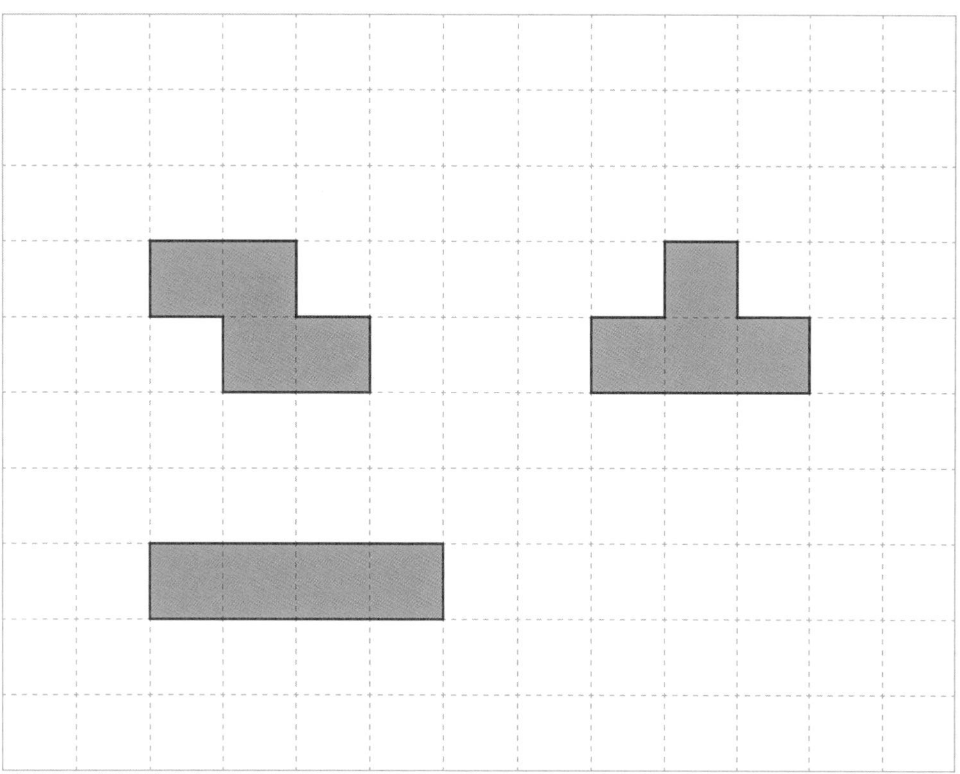

크기가 같은 정사각형 5개로 만들 수 있는 서로 다른 모양의 펜토미노는 모두 몇 가지인지 구해 보세요.

정답 ≫ 86쪽

Unit 01

03 펜토미노 찾기 | 도형 |

펜토미노가 아닌 것을 모두 찾아 ○표 해 보세요.

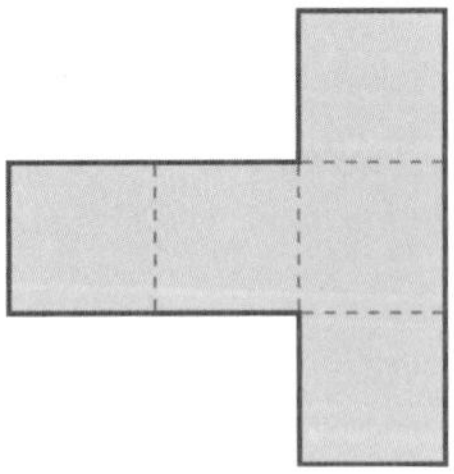

( )　( )　( )

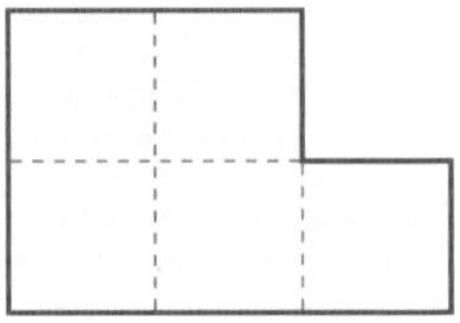

( )　( )　( )

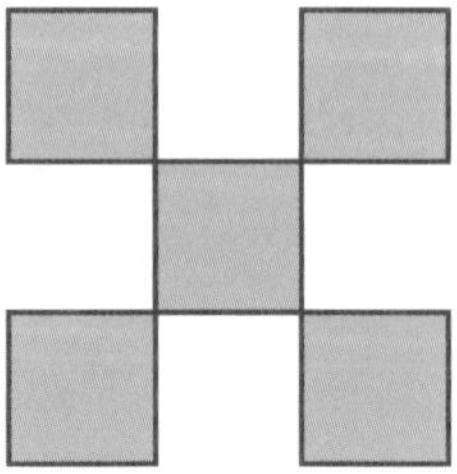

( )　( )

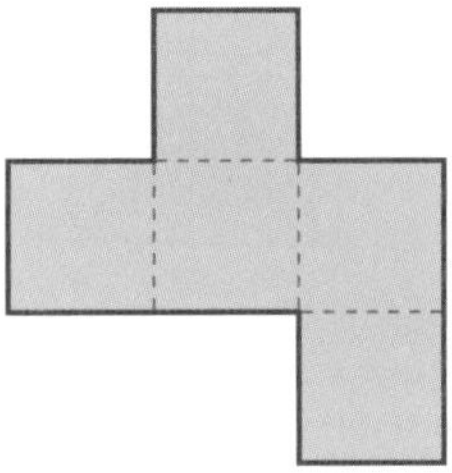

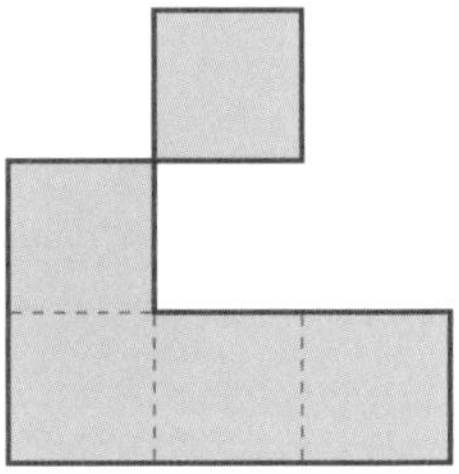

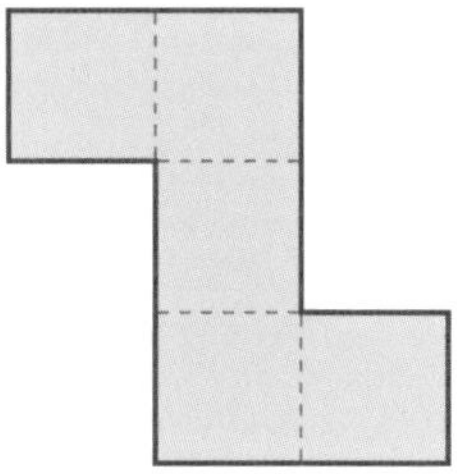

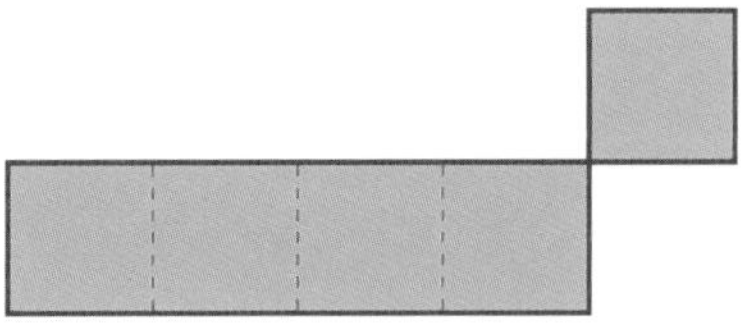

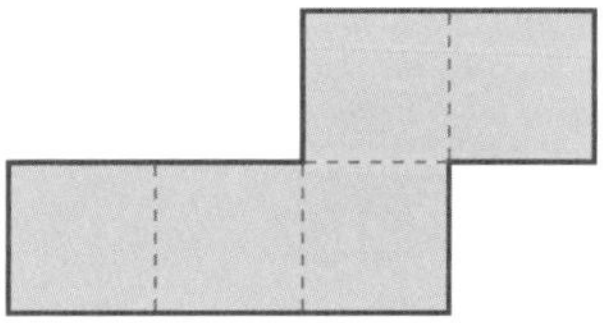

위에서 고른 모양이 펜토미노가 아니라고 생각한 이유를 설명해 보세요.

펜토미노를 모두 찾아 색칠해 보세요.

정답 » 87쪽

조각 맞추기 | 도형 |

주어진 개수의 서로 다른 모양의 펜토미노 조각을 한 번씩만 이용하여 제시된 모양을 한 가지씩 만들어 보세요. (단, 각 조각은 뒤집거나 돌릴 수 있습니다.)

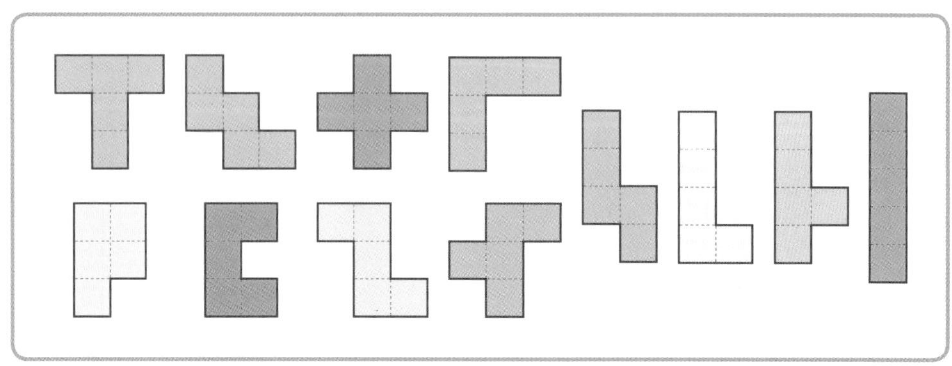

⊙ 2개

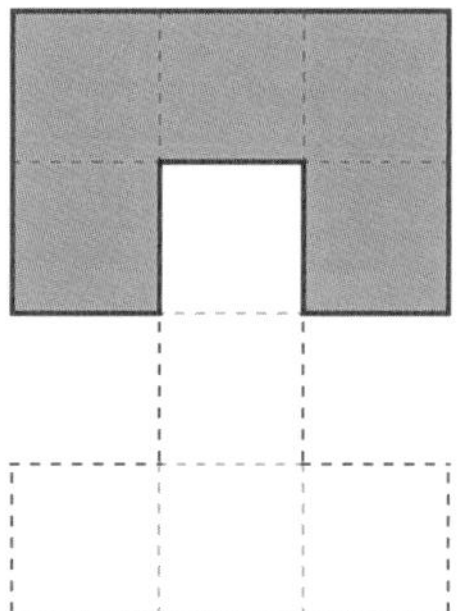

⊙ 2개

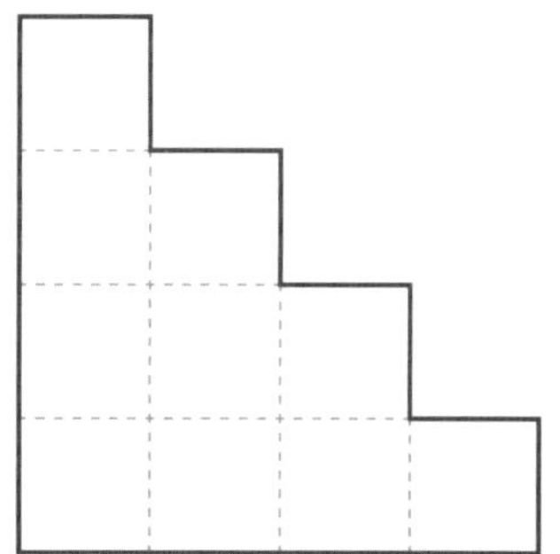

◉ 2개

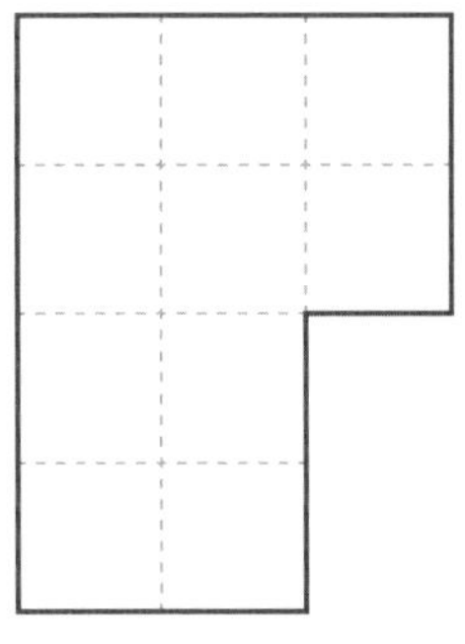

◉ 3개

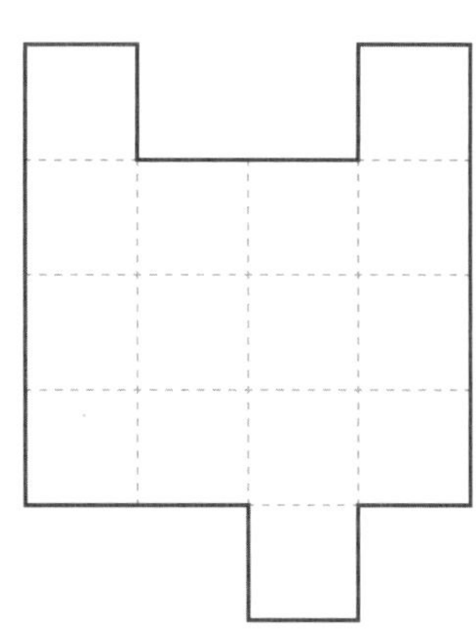

◉ 3개

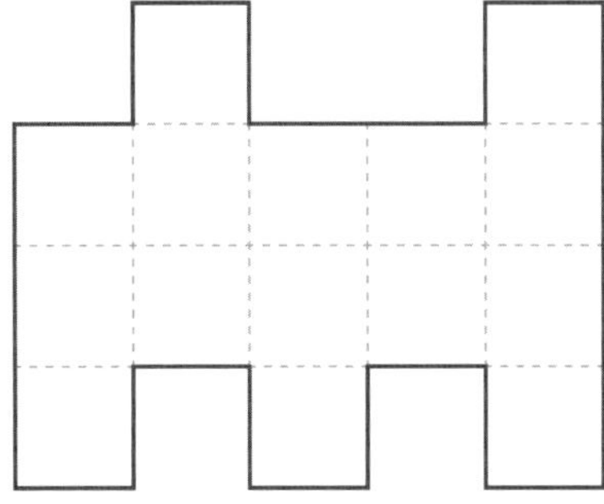

◉ 3개

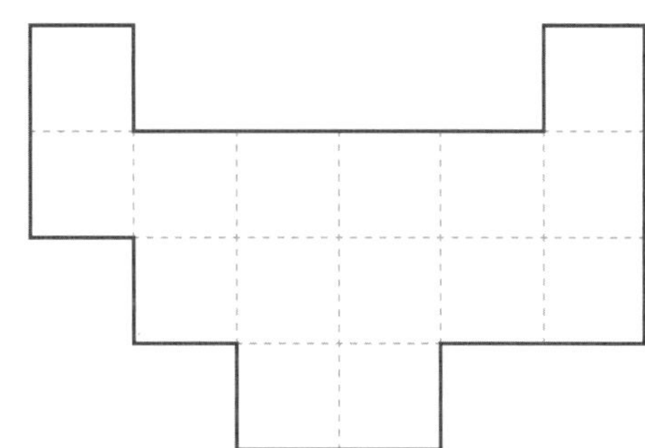

Unit 01

정답 ≫ 87쪽

도형의 이동

| 도형 |

평면도형의 이동을 알아봐요!

Unit 02 01 도형의 이동
Unit 02 02 도형 뒤집기
Unit 02 03 도형 돌리기
Unit 02 04 뒤집고 돌리기

Unit 02

01 도형의 이동 | 도형 |

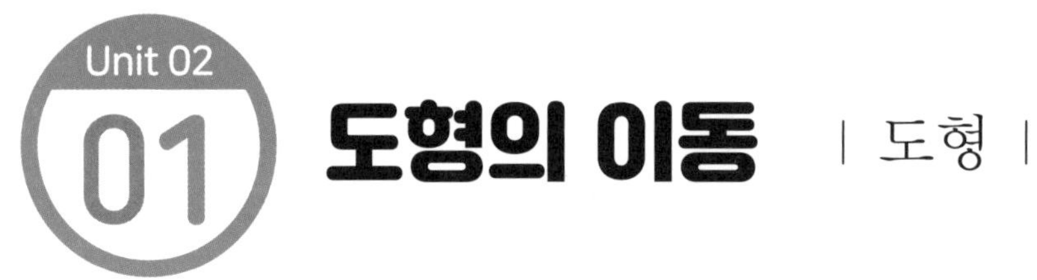

다음 도형을 각각의 방향으로 뒤집은 모양을 그려 보세요.

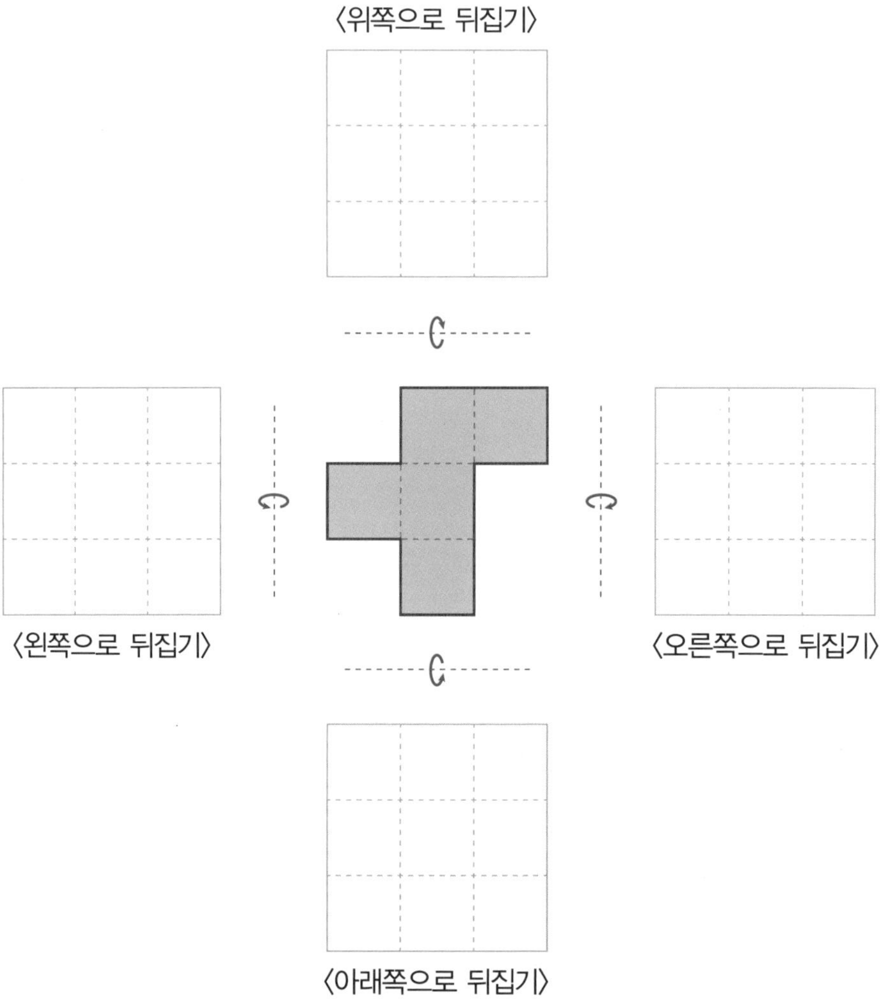

〈위쪽으로 뒤집기〉
〈왼쪽으로 뒤집기〉
〈오른쪽으로 뒤집기〉
〈아래쪽으로 뒤집기〉

주어진 도형들을 시계 방향으로 90°만큼 3번 돌렸습니다. 각 단계별로 알맞은 모양을 그려 보세요.

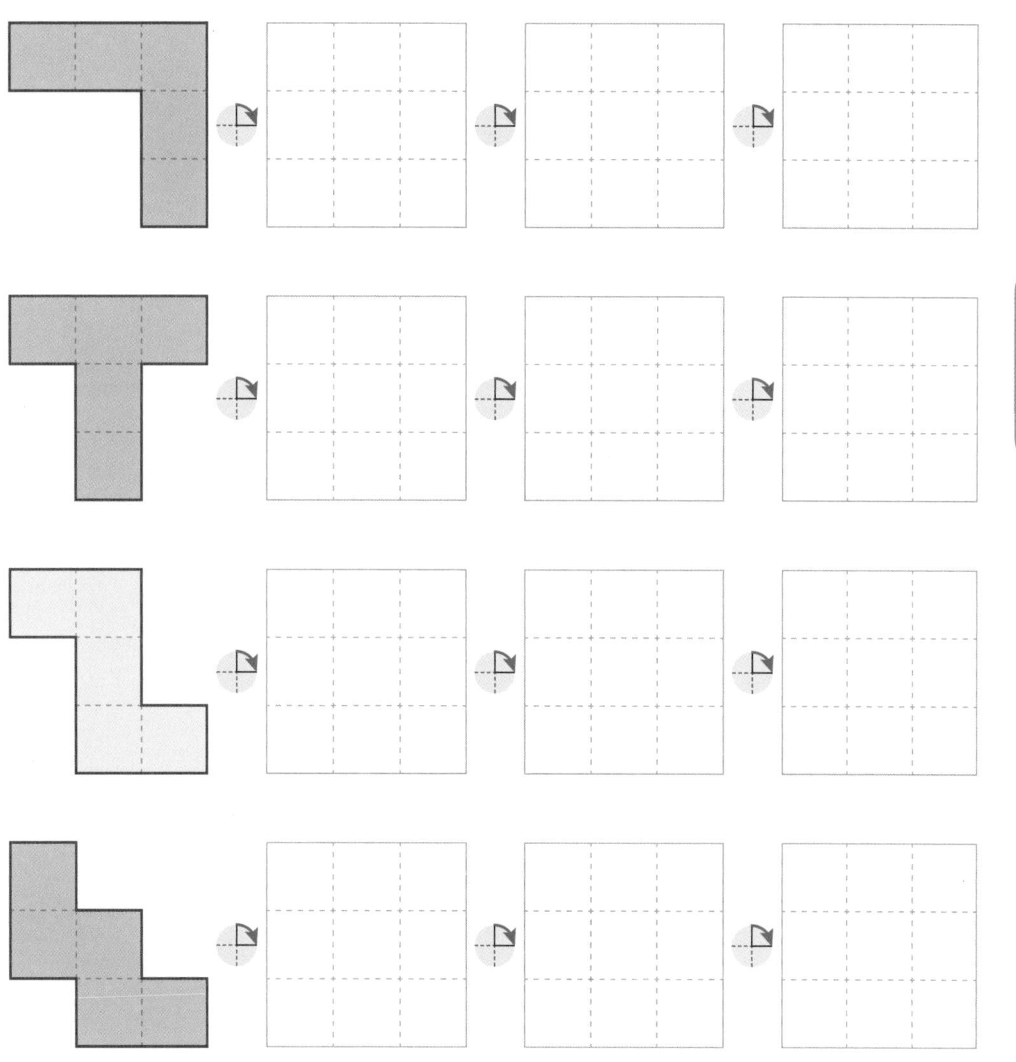

정답 ≫ 88쪽

Unit 02

Unit 02

02 도형 뒤집기 | 도형 |

오른쪽으로 3번 뒤집은 모양이 처음과 같은 모양을 모두 찾아 ○표 하고, 모양이 변하지 않는 도형의 공통점을 설명해 보세요.

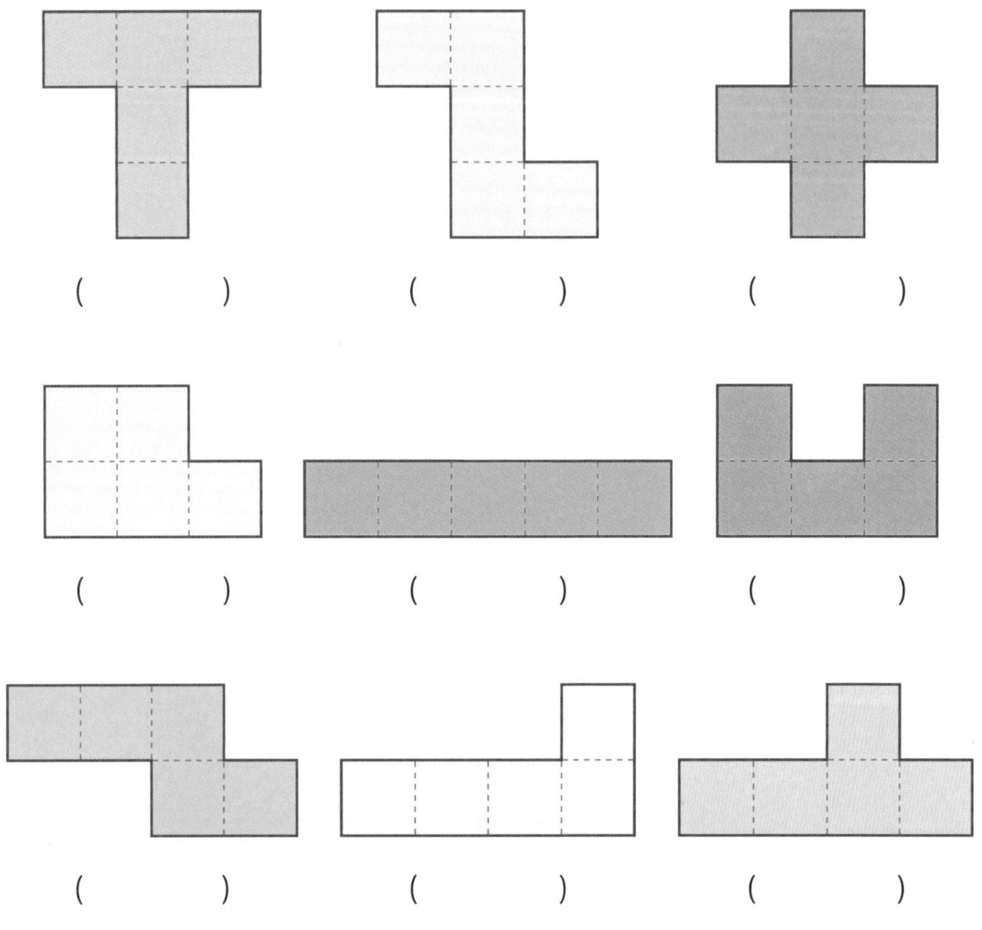

( ) ( ) ( )

( ) ( ) ( )

( ) ( ) ( )

◉ 공통점:

왼쪽 도형을 오른쪽으로 6번 뒤집은 모양을 그려 보세요.

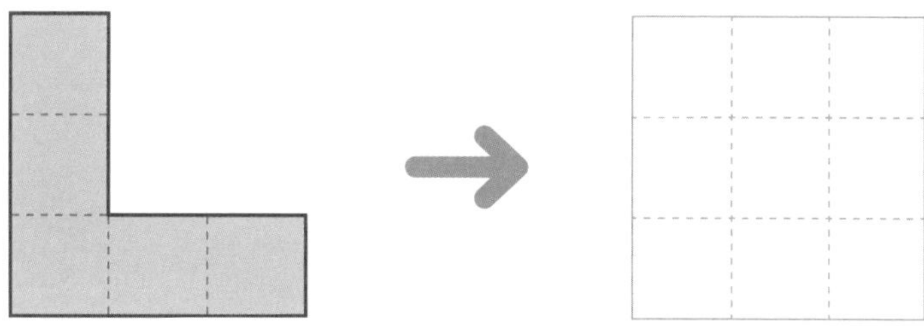

◉ 도형을 짝수 번 뒤집으면 처음 모양과 (같습니다 , 다릅니다).

Unit 02

어떤 도형을 아래쪽으로 7번 뒤집었더니 오른쪽과 같은 도형이 되었습니다. 처음 도형은 어떤 모양인지 왼쪽에 그려 보세요.

정답 » 88쪽

도형 돌리기 | 도형 |

왼쪽 도형을 주어진 방향으로 가장 적은 횟수로 돌려 오른쪽의 ★ 모양을 모두 가리려고 합니다. 빈칸에 알맞은 수를 써넣어 보세요.

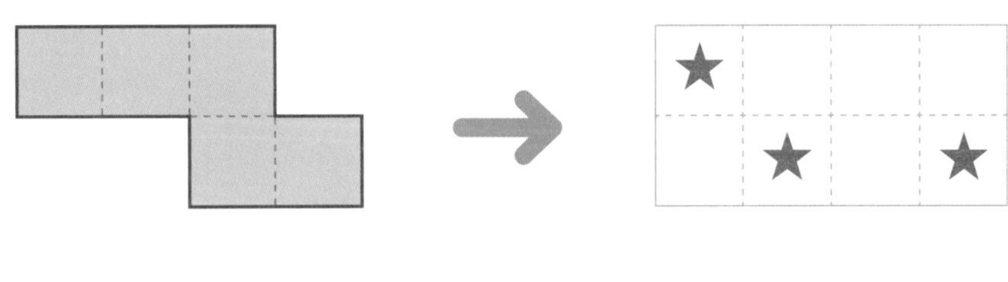

⊙ 왼쪽 도형을 시계 방향으로 90°만큼 ☐ 번 돌립니다.

⊙ 왼쪽 도형을 시계 반대 방향으로 90°만큼 ☐ 번 돌립니다.

왼쪽에 주어진 두 도형을 각각 시계 방향 또는 시계 반대 방향으로 돌려 오른쪽의 ★ 모양을 모두 가려 보세요. (단, 두 도형이 겹치지 않아야 하며, 돌리는 방향이나 횟수는 같지 않아도 됩니다.)

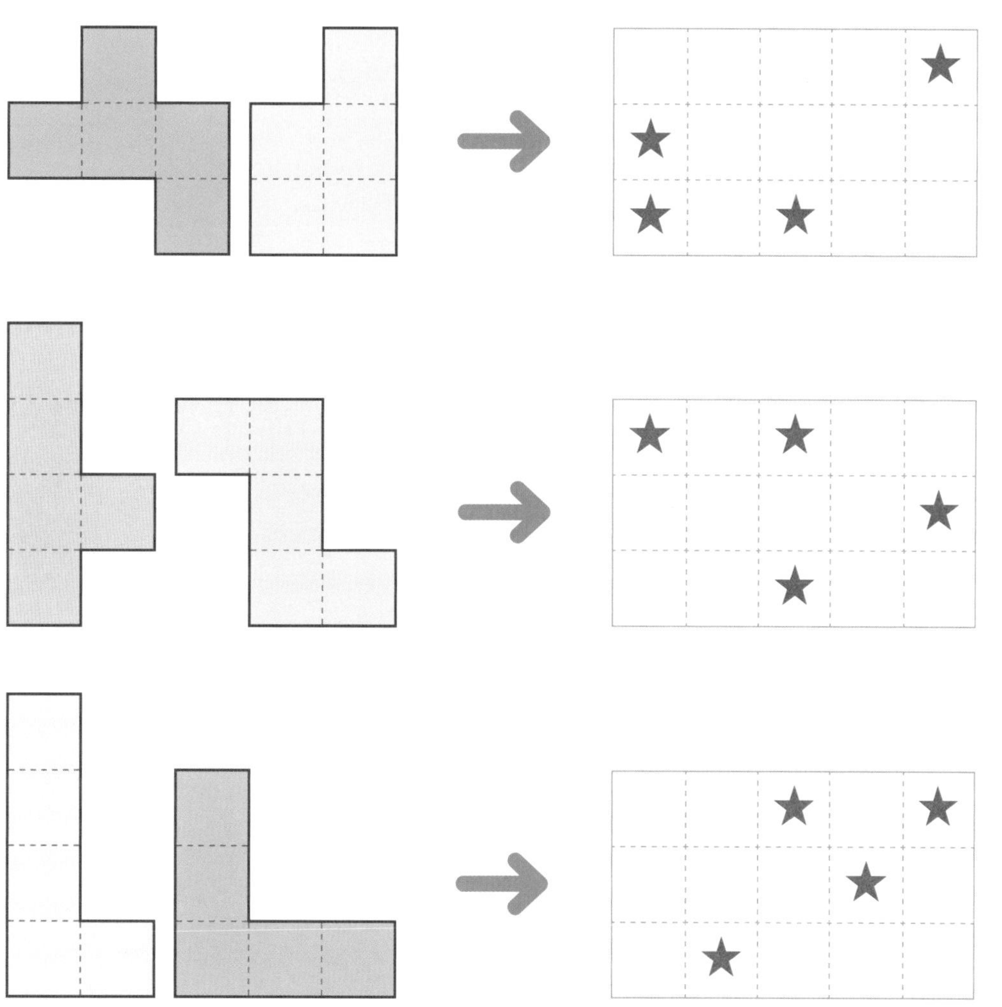

Unit 02

정답 89쪽

왼쪽 도형을 오른쪽으로 3번 뒤집은 모양을 가운데에 그리고, 가운데 도형을 시계 반대 방향으로 180°만큼 3번 돌렸을 때의 모양을 오른쪽에 그려 보세요.

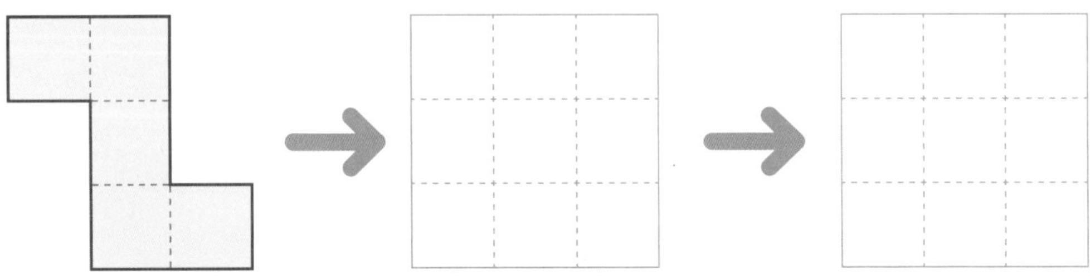

왼쪽 도형을 시계 방향으로 270°만큼 5번 돌린 모양을 가운데에 그리고, 가운데 도형을 아래쪽으로 8번 뒤집었을 때의 모양을 오른쪽에 그려 보세요.

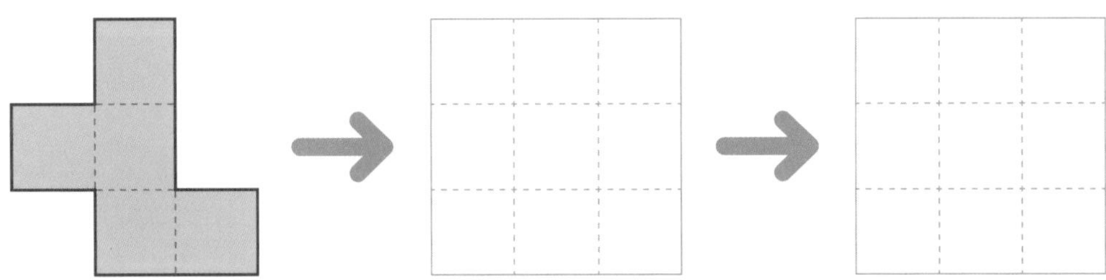

펜토미노 조각을 이용하여 다음과 같은 모양의 도형을 만들어 보세요. 또, 만들어진 도형을 주어진 방향과 각도만큼 뒤집거나 돌렸을 때의 모양을 각각 그려 보세요.

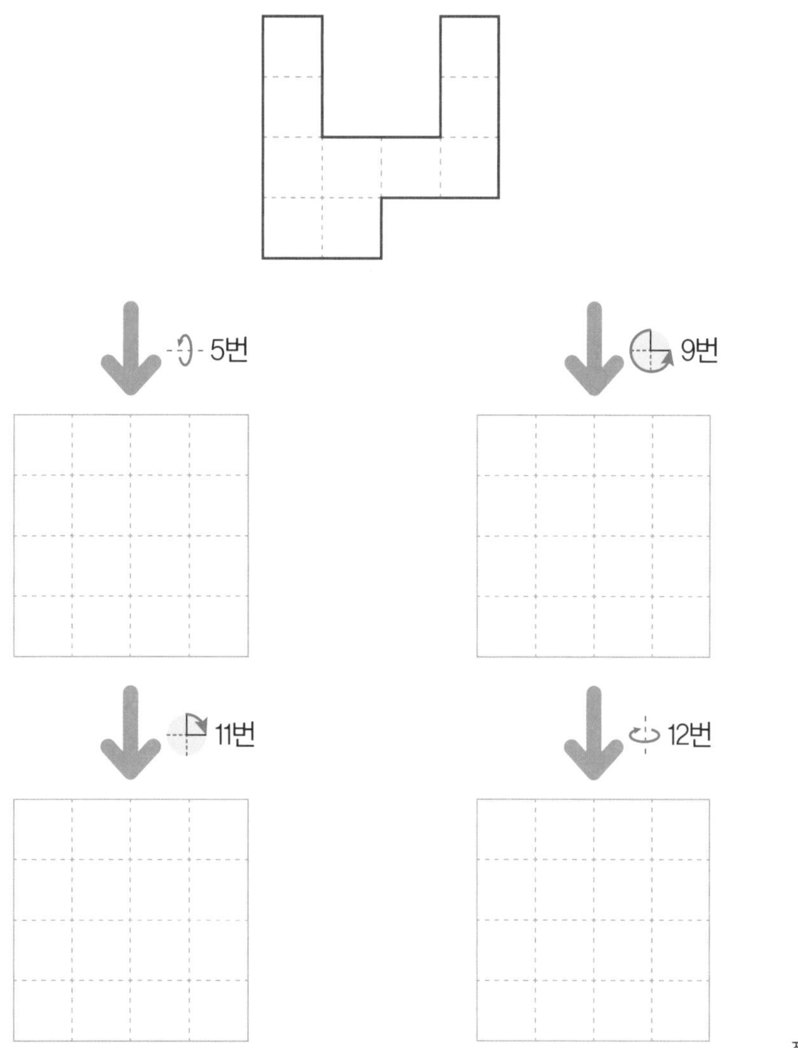

Unit 02

정답 89쪽

펜토미노 연산

| 수와 연산 |

숫자판의 **알맞은 위치**에 펜토미노를 올려놓아요!

Unit 03 01 알맞은 식 세우기
Unit 03 02 도형 움직이기
Unit 03 03 도형 올려놓기
Unit 03 04 두 수의 합

알맞은 식 세우기 | 수와 연산 |

왼쪽 도형을 숫자판 위에 올렸을 때 도형 안의 5개의 수의 합이 65가 되는 곳을 찾아보려고 합니다. 물음에 답하세요. (단, 도형을 뒤집거나 돌리지 않습니다.)

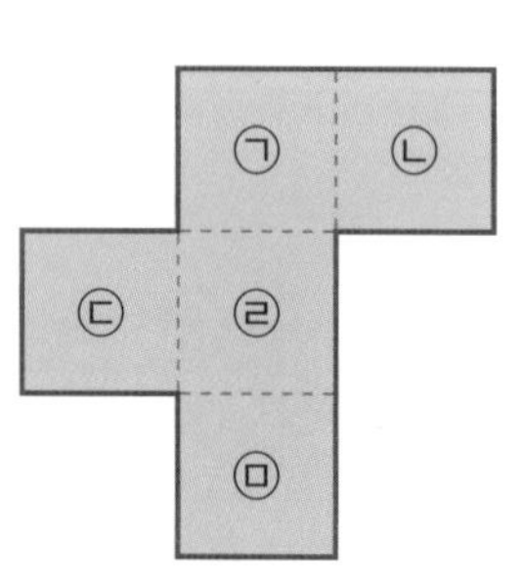

1	2	3	4	5
6	7	8	9	10
11	12	13	14	15
16	17	18	19	20
21	22	23	24	25

- ㉠~㉤ 중 가장 작은 수는 ㉠입니다. ㉡~㉤을 ㉠을 사용한 식으로 나타내어 보세요.

  ㉡=㉠+ ☐, ㉢=㉠+ ☐, ㉣=㉠+ ☐, ㉤=㉠+ ☐

- ㉠을 사용하여 나타낸 식으로 도형 안의 수의 합이 65가 되는 식을 만들어서 ㉠의 값을 구해 보세요. 또, 위의 숫자판에서 수의 합이 65가 되는 곳을 찾아 보세요.

왼쪽 도형을 숫자판 위에 올렸을 때 도형 안의 5개의 수의 합이 85가 되는 곳을 찾아보세요. (단, 도형을 뒤집거나 돌리지 않습니다.)

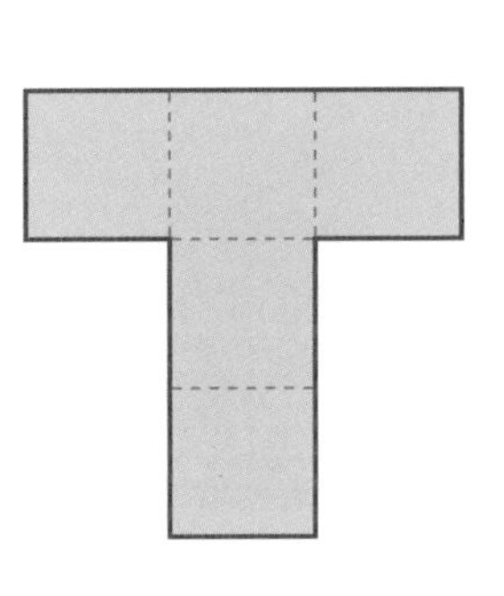

1	2	3	4	5
6	7	8	9	10
11	12	13	14	15
16	17	18	19	20
21	22	23	24	25

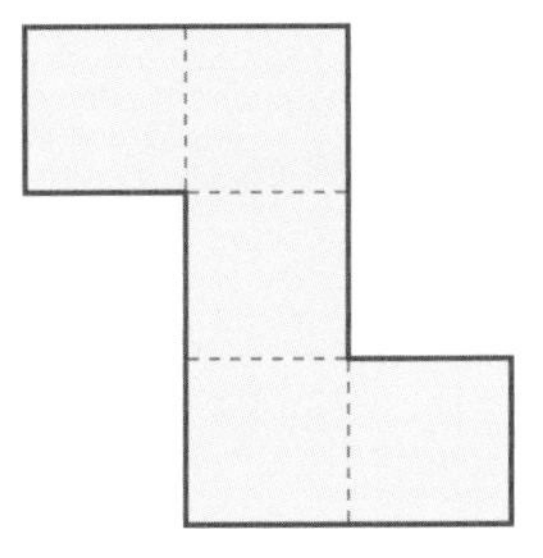

1	2	3	4	5
6	7	8	9	10
11	12	13	14	15
16	17	18	19	20
21	22	23	24	25

정답 » 90쪽

도형 움직이기 | 수와 연산 |

숫자판 위에 다음과 같은 도형을 올렸을 때 도형 안의 5개의 수의 합은 74입니다. 물음에 답하세요. (단, 도형을 뒤집거나 돌리지 않습니다.)

2+12+13+23+24=74

0	1	2	3	4	5	6	7	8	9
10	11	12	13	14	15	16	17	18	19
20	21	22	23	24	25	26	27	28	29
30	31	32	33	34	35	36	37	38	39
40	41	42	43	44	45	46	47	48	49

- 위의 도형을 오른쪽으로 한 칸 움직였을 때 도형 안의 수의 합은 얼마나 커지는지 구해 보세요.

- 위의 도형을 아래쪽으로 한 칸 움직였을 때 도형 안의 수의 합은 얼마나 커지는지 구해 보세요.

- 도형 안의 수의 합이 144가 되는 곳을 찾아보세요.

숫자판 위에 다음과 같은 도형을 올렸을 때 도형 안의 5개의 수의 합은 408입니다. 도형 안의 수의 합이 133이 되는 곳을 찾아보세요.

(단, 도형을 뒤집거나 돌리지 않습니다.)

1	2	3	4	5	6	7	8	9	10
11	12	13	14	15	16	17	18	19	20
21	22	23	24	25	26	27	28	29	30
31	32	33	34	35	36	37	38	39	40
41	42	43	44	45	46	47	48	49	50
51	52	53	54	55	56	57	58	59	60
61	62	63	64	65	66	67	68	69	70
71	72	73	74	75	76	77	78	79	80
81	82	83	84	85	86	87	88	89	90
91	92	93	94	95	96	97	98	99	100

$67+77+87+88+89=408$

정답 » 90쪽

Unit 03

Unit 03

03 도형 올려놓기 | 수와 연산 |

숫자판 위에 다음과 같은 도형을 올렸을 때 도형 안의 5개의 수의 합을 구하고, 도형 안의 수의 합이 172가 되는 곳과 347이 되는 곳을 찾아보세요. (단, 도형을 뒤집거나 돌리지 않습니다.)

합:

0	1	2	3	4	5	6	7	8	9
10	11	12	13	14	15	16	17	18	19
20	21	22	23	24	25	26	27	28	29
30	31	32	33	34	35	36	37	38	39
40	41	42	43	44	45	46	47	48	49
50	51	52	53	54	55	56	57	58	59
60	61	62	63	64	65	66	67	68	69
70	71	72	73	74	75	76	77	78	79
80	81	82	83	84	85	86	87	88	89
90	91	92	93	94	95	96	97	98	99

숫자판 위에 다음과 같은 도형을 올렸을 때 도형 안의 5개의 수의 합을 구하고, 도형 안의 수의 합이 65가 되는 곳과 390이 되는 곳을 찾아보세요. (단, 도형을 뒤집거나 돌리지 않습니다.)

합:

1	2	3	4	5	6	7	8	9	10
11	12	13	14	15	16	17	18	19	20
21	22	23	24	25	26	27	28	29	30
31	32	33	34	35	36	37	38	39	40
41	42	43	44	45	46	47	48	49	50
51	52	53	54	55	56	57	58	59	60
61	62	63	64	65	66	67	68	69	70
71	72	73	74	75	76	77	78	79	80
81	82	83	84	85	86	87	88	89	90
91	92	93	94	95	96	97	98	99	100

Unit 03

정답 » 91쪽

두 수의 합 | 수와 연산 |

다음과 같은 도형을 숫자판 위에 올렸습니다. 물음에 답하세요.

(단, 도형을 뒤집거나 돌리지 않습니다.)

0	1	2	3	4	5	6	7	8	9
10	11	12	13	14	15	16	17	18	19
20	21	22	23	24	25	26	27	28	29
30	31	32	33	34	35	36	37	38	39
40	41	42	43	44	45	46	47	48	49
50	51	52	53	54	55	56	57	58	59

- 도형 안의 수 중에서 가장 작은 수와 가장 큰 수의 합을 구해 보세요.

- 위의 도형을 왼쪽으로 다섯 칸, 위쪽으로 한 칸 움직인 곳을 찾아보고, 가장 작은 수와 가장 큰 수의 합을 구해 보세요.

- 도형을 옮기기 전의 가장 작은 수와 가장 큰 수의 합과 도형을 옮긴 후 가장 작은 수와 가장 큰 수의 합의 차이를 구해 보세요.

다음과 같은 도형을 숫자판 위에 올렸을 때 도형 안의 가장 작은 수와 가장 큰 수의 합이 127인 곳과 135인 곳을 찾아보세요. (단, 도형을 뒤집거나 돌리지 않습니다.)

1	2	3	4	5	6	7	8	9	10
11	12	13	14	15	16	17	18	19	20
21	22	23	24	25	26	27	28	29	30
31	32	33	34	35	36	37	38	39	40
41	42	43	44	45	46	47	48	49	50
51	52	53	54	55	56	57	58	59	60
61	62	63	64	65	66	67	68	69	70
71	72	73	74	75	76	77	78	79	80
81	82	83	84	85	86	87	88	89	90
91	92	93	94	95	96	97	98	99	100

Unit 03

정답 » 91쪽

대칭도형

| 도형 |

선대칭도형과 점대칭도형에 대해 알아봐요!

Unit 04 01 대칭도형
Unit 04 02 선대칭도형
Unit 04 03 점대칭도형
Unit 04 04 도형 찾기

Unit 04

01 대칭도형 | 도형 |

다음 도형들을 완전히 겹치도록 반으로 접을 수 있는 부분에 선을 그어 보세요.

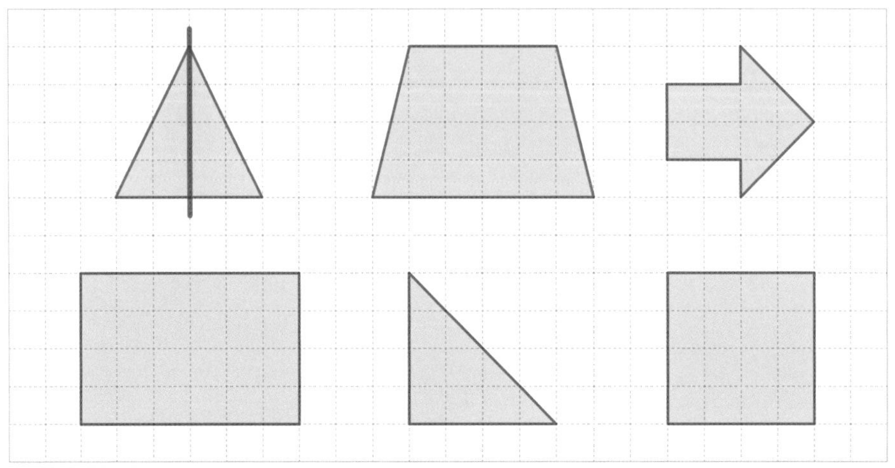

⊙ 한 직선을 따라 접었을 때 완전히 겹치는 도형을 선대칭도형이라고 합니다. 이때 그 직선을 [ ](이)라고 합니다.

⊙ 대칭축을 따라 접었을 때 겹치는 [ ]을/를 대응점, 겹치는 [ ]을/를 대응변, 겹치는 [ ]을/를 대응각이라고 합니다.

점을 중심으로 180° 돌렸을 때 처음 도형과 완전히 겹치는 도형을 찾아 보세요.

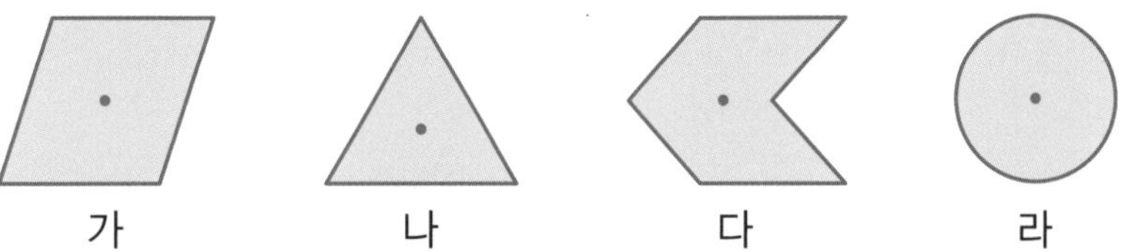

- 완전히 겹치는 도형: ☐, ☐
- 한 도형을 어떤 점을 중심으로 ☐° 돌렸을 때 처음 도형과 완전히 겹치면 이 도형을 점대칭도형이라고 합니다. 그 점을 ☐(이)라고 합니다.
- 대칭의 중심을 중심으로 180° 돌렸을 때 겹치는 점을 ☐, 겹치는 변을 ☐, 겹치는 각을 ☐(이)라고 합니다.

Unit 04

정답 » 92쪽

선대칭도형 | 도형 |

선대칭도형의 대응점, 대응변, 대응각을 각각 찾아보세요.

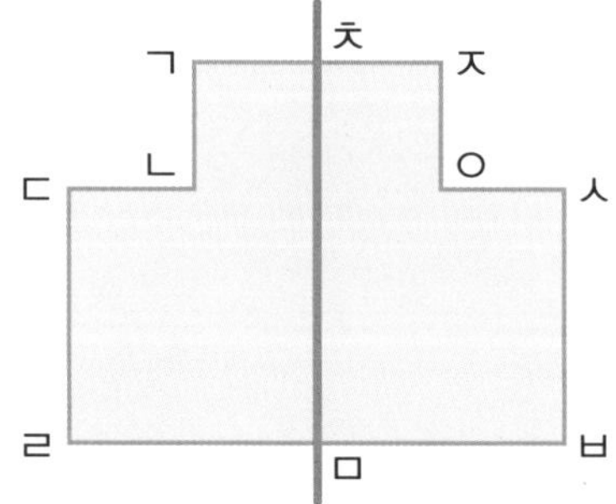

대응점			
점 ㄱ	점 ( )	점 ㄷ	점 ( )
점 ㄴ	점 ( )	점 ㄹ	점 ( )

대응변			
변 ㄱㄴ	변 ( )	변 ㄷㄹ	변 ( )
변 ㄴㄷ	변 ( )	변 ㄹㅁ	변 ( )

대응각			
각 ㄱㄴㄷ	각 ( )	각 ㄷㄹㅁ	각 ( )
각 ㄴㄷㄹ	각 ( )	각 ㅊㄱㄴ	각 ( )

선대칭도형이 되도록 그림을 완성해 보세요.

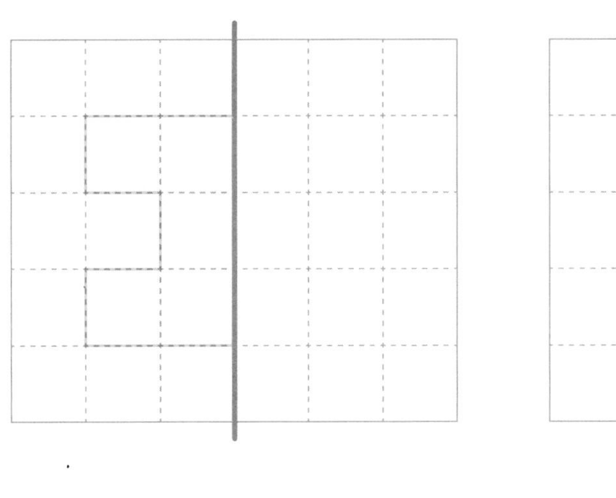

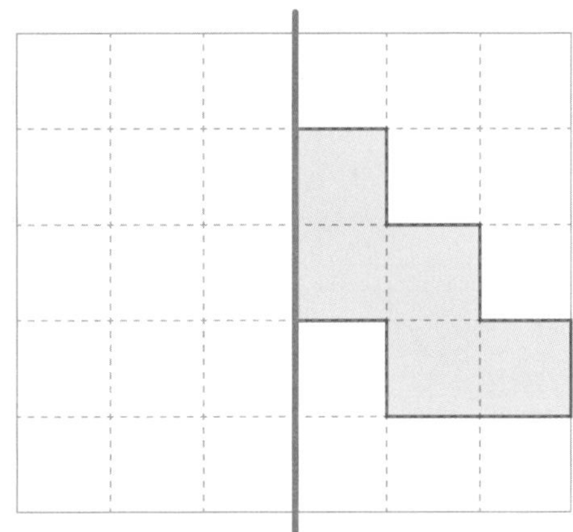

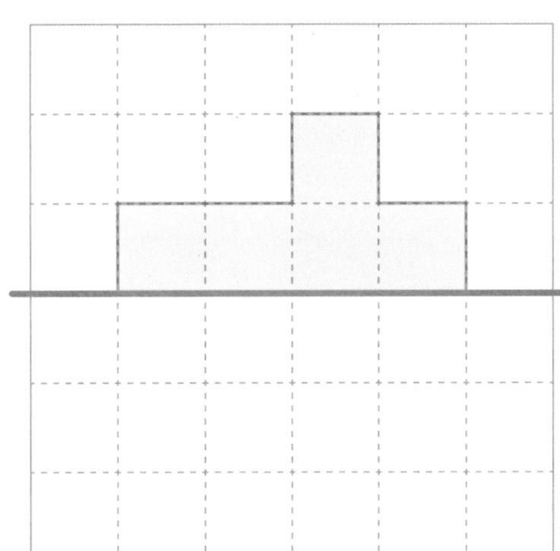

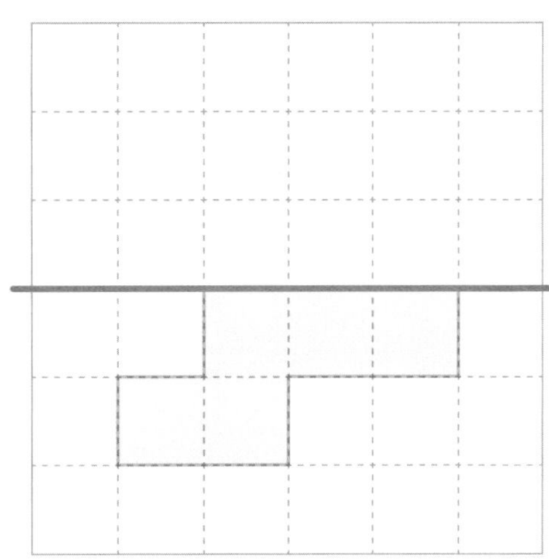

Unit 04

정답 92쪽

점대칭도형의 대응점, 대응변, 대응각을 각각 찾아보세요.

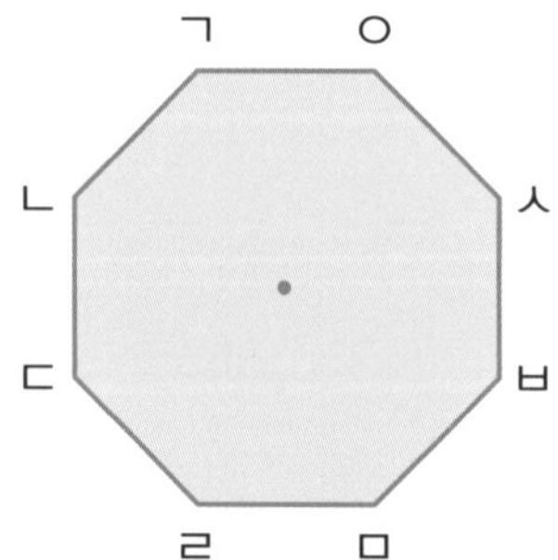

대응점			
점 ㄱ	점 ( )	점 ㄷ	점 ( )
점 ㄴ	점 ( )	점 ㄹ	점 ( )

대응변			
변 ㄱㄴ	변 ( )	변 ㄷㄹ	변 ( )
변 ㄴㄷ	변 ( )	변 ㄹㅁ	변 ( )

대응각			
각 ㄱㄴㄷ	각 ( )	각 ㄷㄹㅁ	각 ( )
각 ㄴㄷㄹ	각 ( )	각 ㄹㅁㅂ	각 ( )

점대칭도형을 그리려고 합니다. 물음에 답하세요.

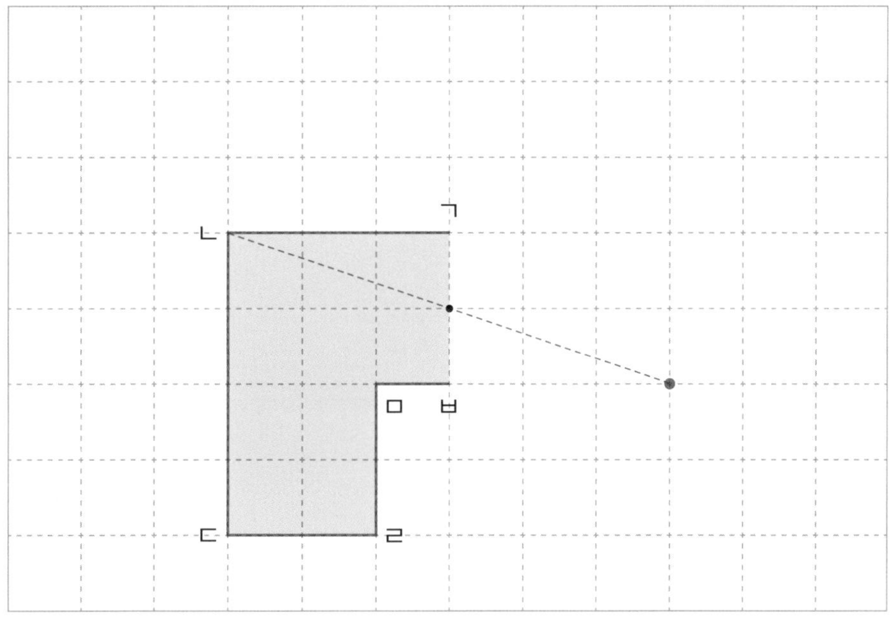

◉ 위의 모눈종이에 점 ㄷ, 점 ㄹ, 점 ㅁ의 대응점을 각각 표시해 보세요.

◉ 위의 모눈종이에 점들을 곧게 이어 점대칭도형을 완성해 보세요.

Unit 04

정답 ≫ 93쪽

| 도형 |

펜토미노 조각 중 선대칭도형을 모두 찾아 대칭축을 그려 보세요.

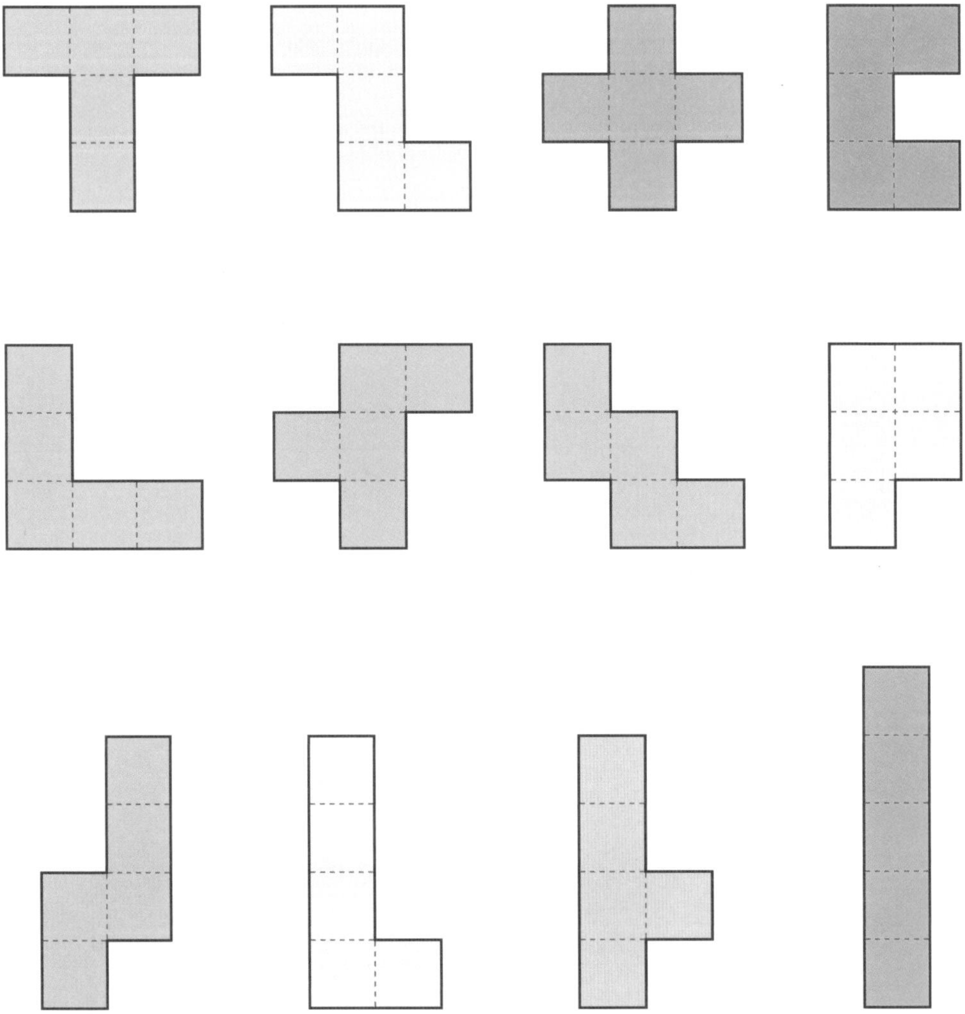

펜토미노 조각을 아래에서부터 쌓아 가로 한 줄이 모두 채워지면 그 줄이 없어지는 게임을 하고 있습니다. 쌓은 펜토미노 조각 중 점대칭도형을 모두 찾아보세요.

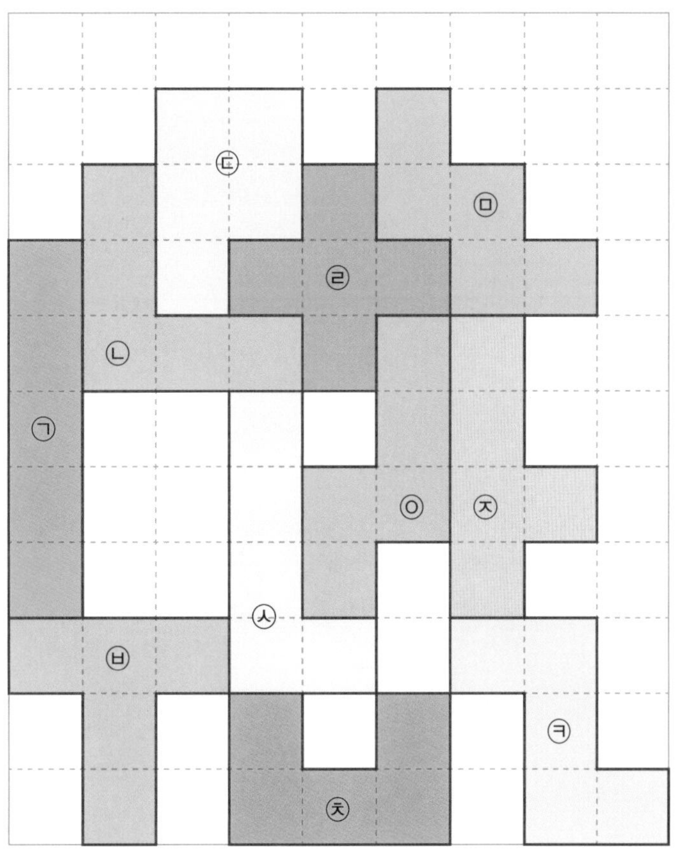

정답 93쪽

Unit 04

모양 만들기

| 문제 해결 |

펜토미노로 여러 가지 모양을 만들어 봐요!

Unit 05 01 조각 맞추기
Unit 05 02 조각 둘러싸기
Unit 05 03 길 만들기
Unit 05 04 동물 모양 만들기

조각 맞추기 | 문제 해결 |

주어진 펜토미노 조각을 한 번씩만 이용하여 제시된 모양을 만들어 보세요. (단, 각 조각은 뒤집거나 돌릴 수 있습니다.)

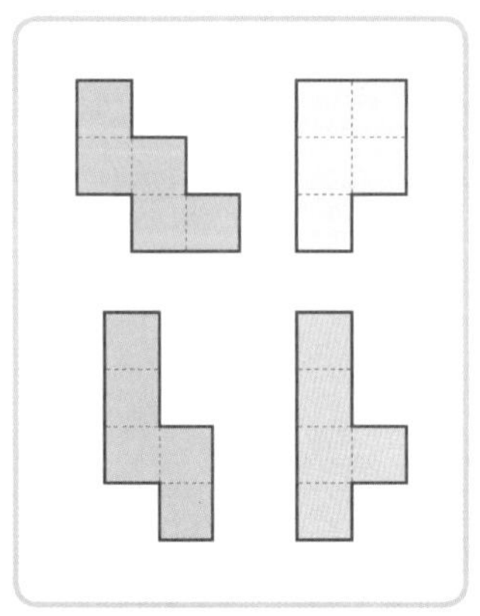

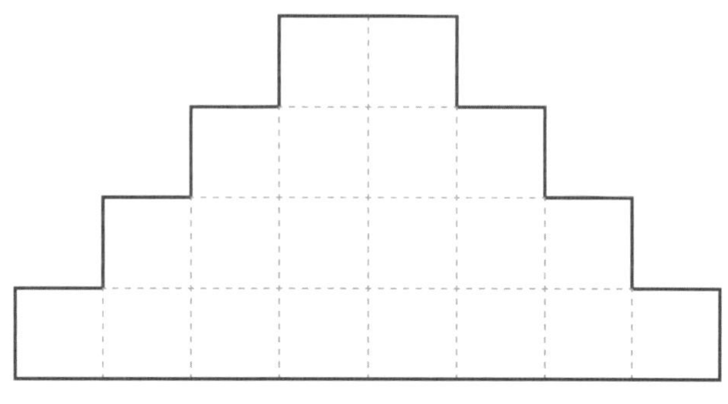

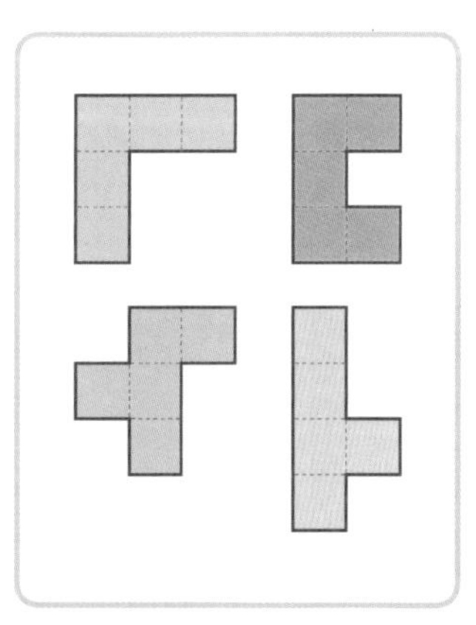

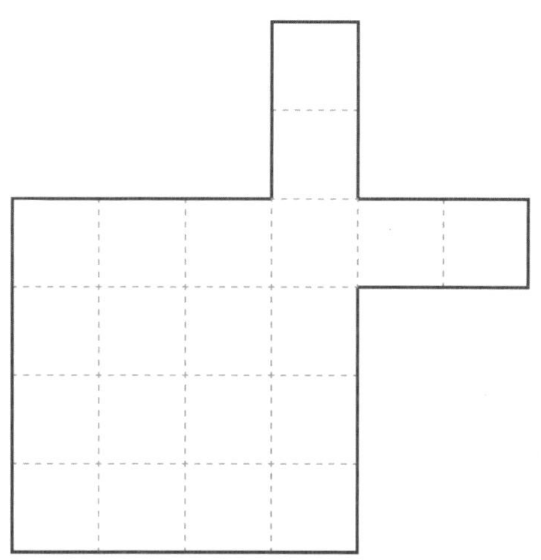

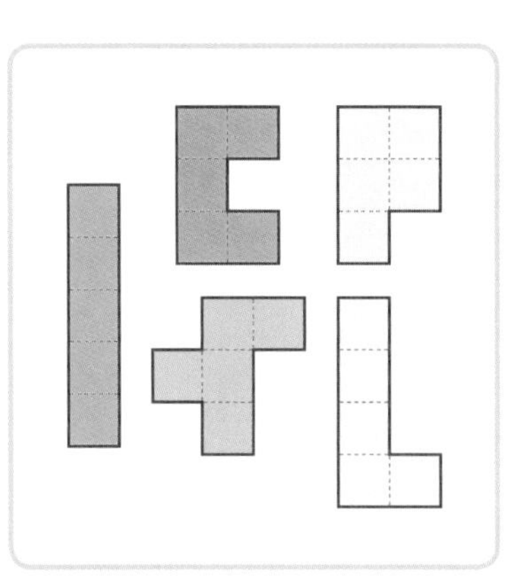

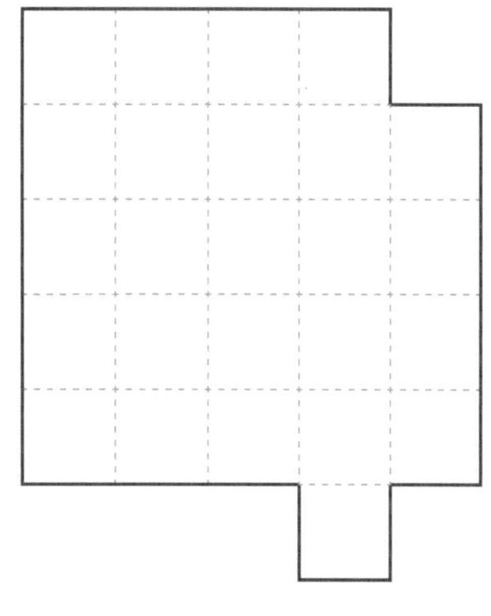

Unit 05

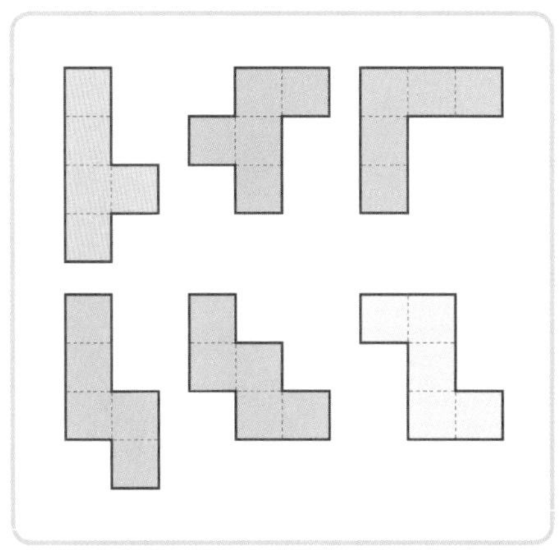

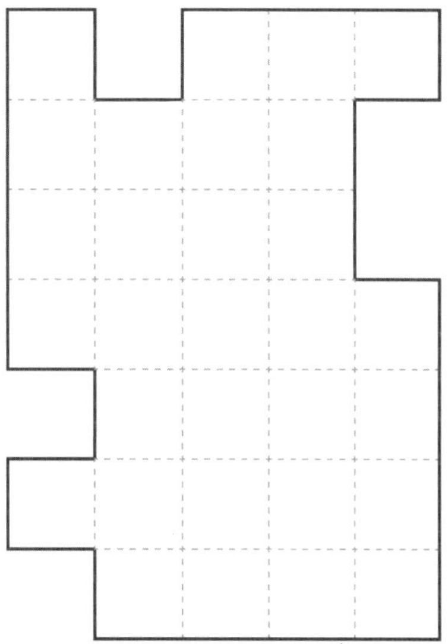

정답 ≫ 94쪽

조각 둘러싸기 | 문제 해결 |

<보기>와 같이 가장 적은 개수의 서로 다른 모양의 펜토미노 조각을 한 번씩만 이용하여 제시된 펜토미노 조각을 둘러싸 보세요.

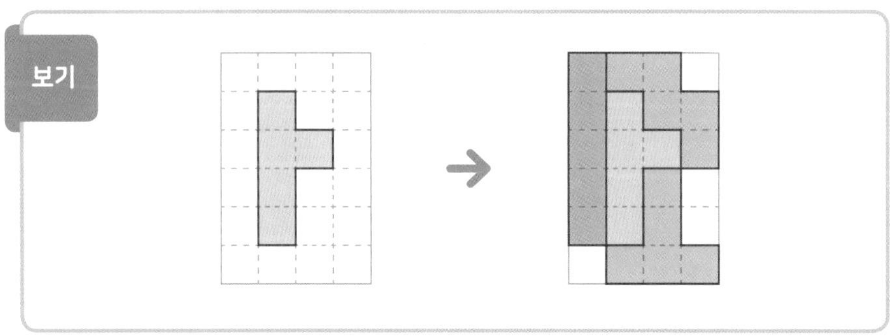

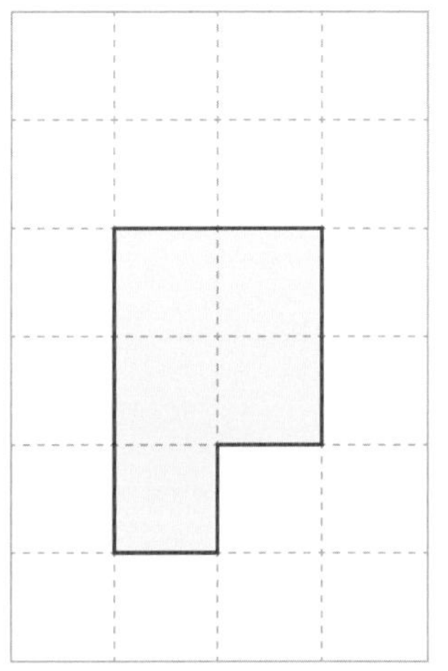

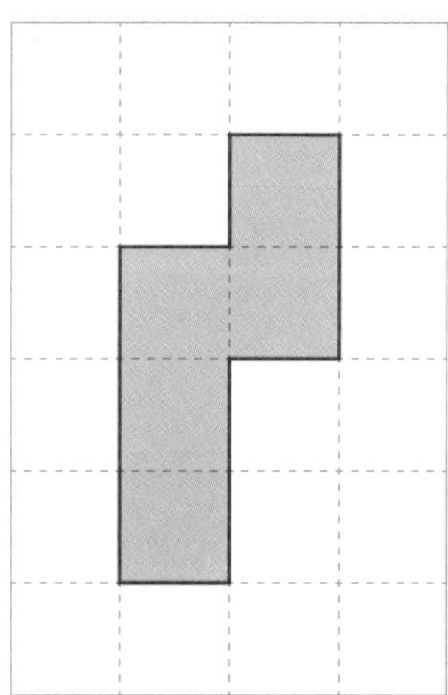

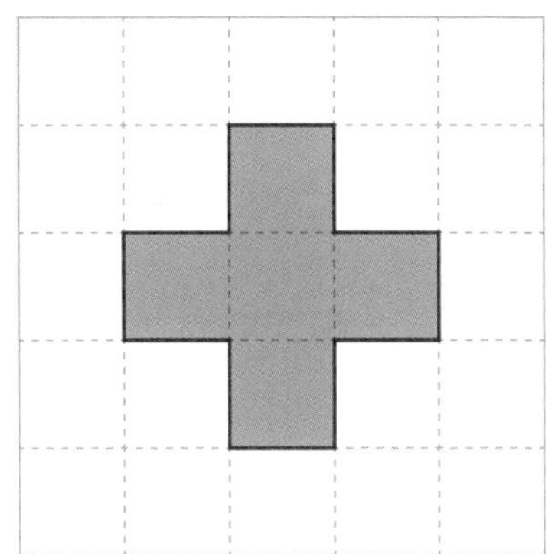

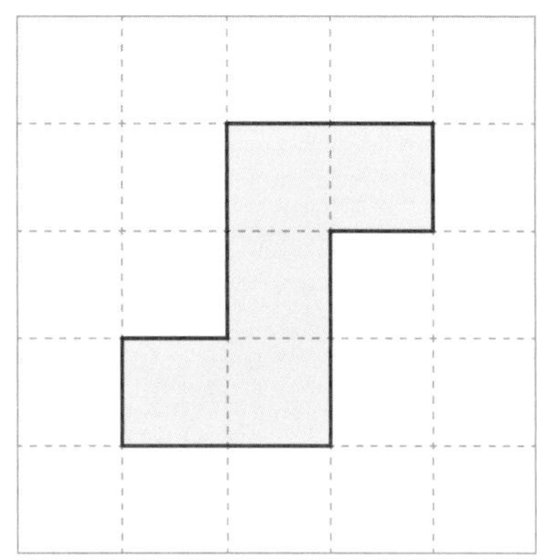

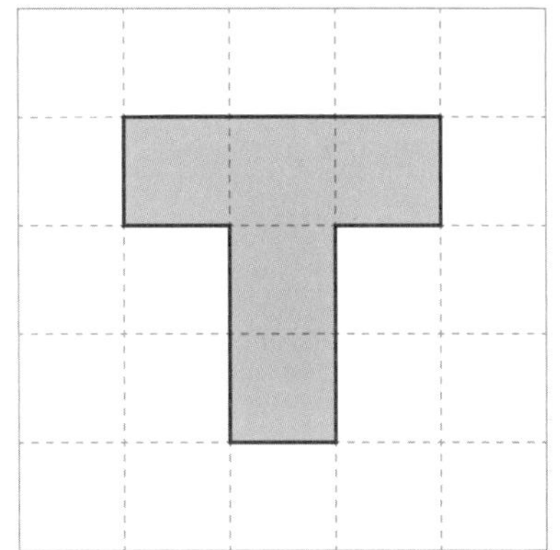

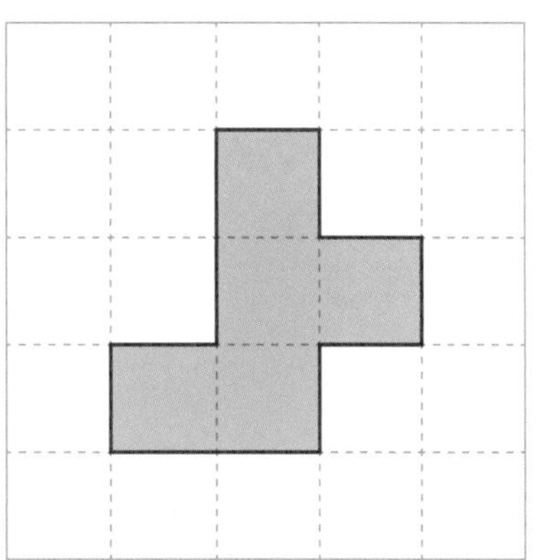

Unit 05

정답 ≫ 94쪽

길 만들기 | 문제 해결 |

주어진 개수의 서로 다른 모양의 펜토미노 조각을 한 번씩만 이용하여 제시된 모양을 만들어 보세요. 또, 출발에서 도착까지 최단 거리로 가는 길을 그려 보세요.

◉ 4개

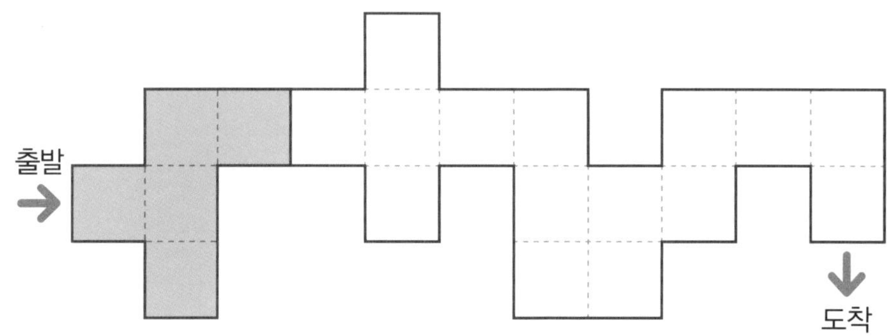

◉ 6개

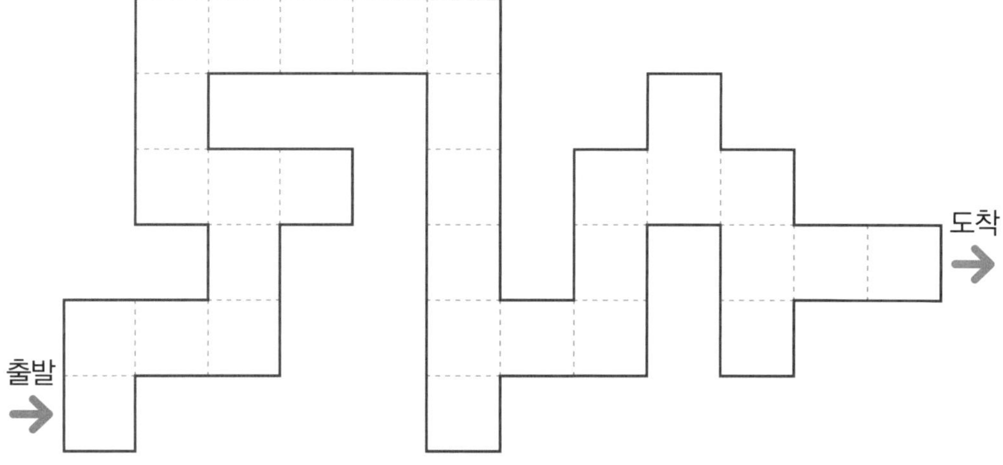

안쌤 Tip

두 지점 사이의 가장 짧은 거리를
최단 거리라고 해요.

◉ 12개

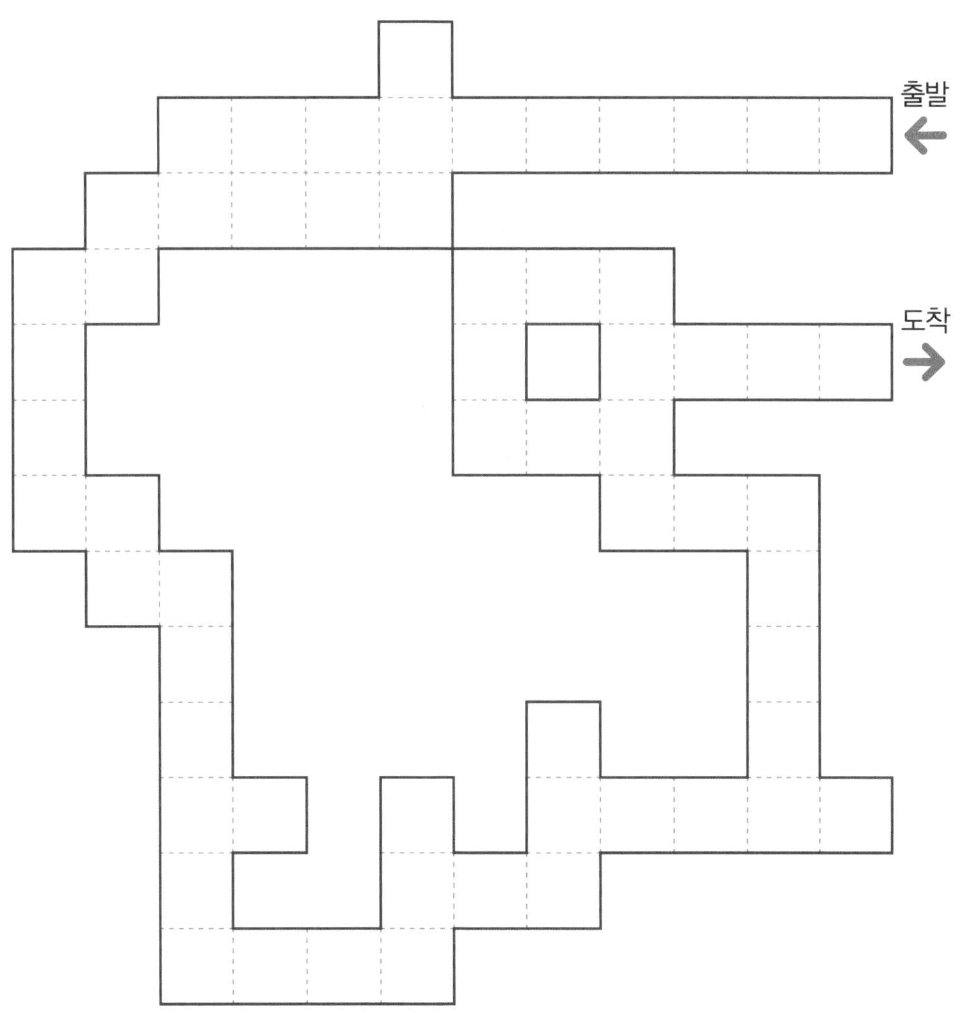

Unit 05

정답 » 95쪽

동물 모양 만들기 | 문제 해결 |

12개의 펜토미노 조각을 모두 한 번씩만 이용하여 제시된 동물 모양을 만들어 보세요.

◉ 코끼리

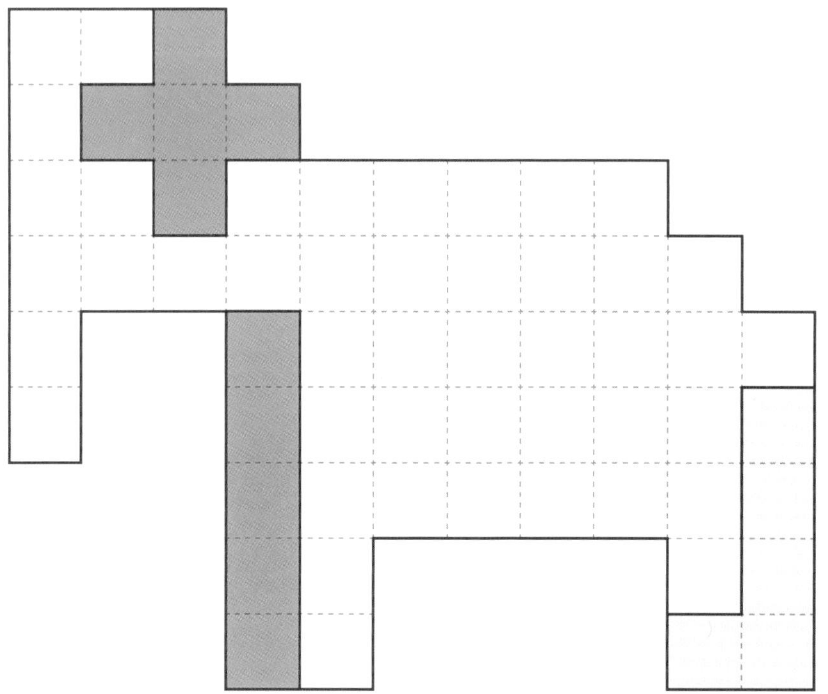

◉ 사슴

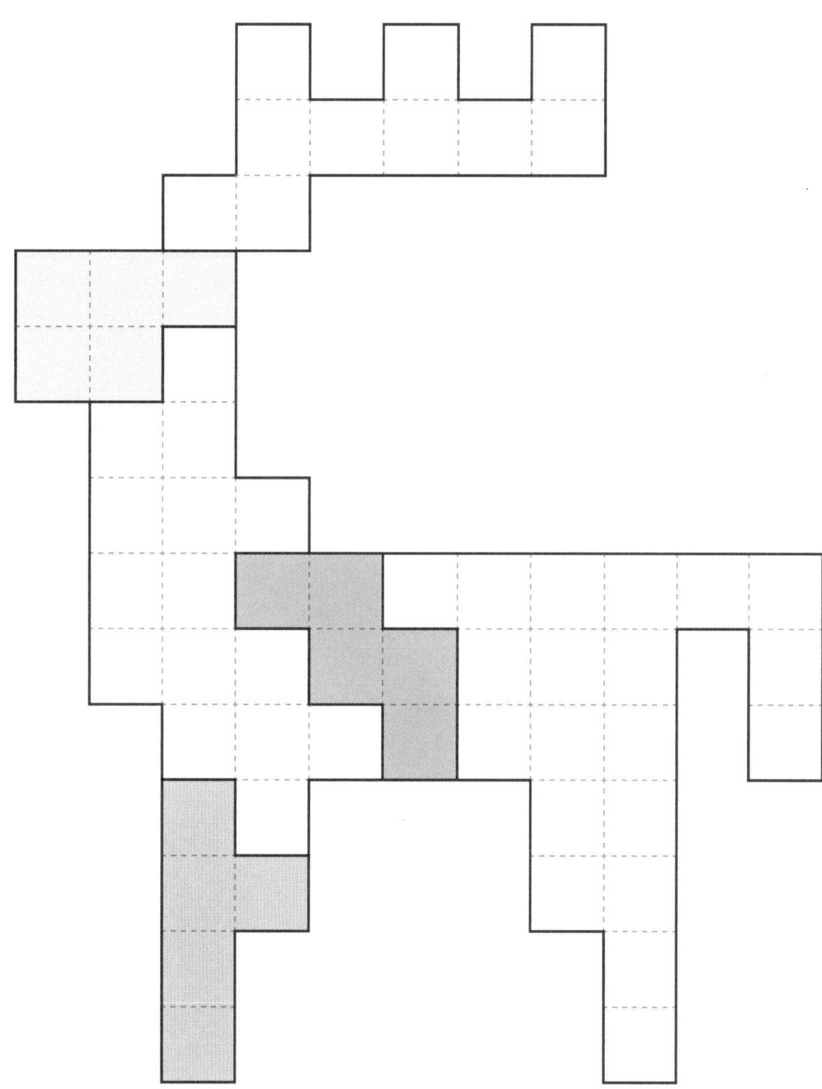

정답 ≫ 95쪽

직사각형과 정사각형

| 수와 연산 |

직사각형과 정사각형을 만들어 봐요!

Unit 06 01 조각의 개수
Unit 06 02 직사각형 만들기
Unit 06 03 정사각형 만들기
Unit 06 04 사각형 만들기

조각의 개수 | 수와 연산 |

서로 다른 모양의 펜토미노 조각을 한 번씩만 이용하여 크기가 다른 직사각형을 만들어 보세요. 또, 직사각형을 만들 때 필요한 펜토미노 조각의 개수를 빈칸에 써넣어 보세요.

5×3

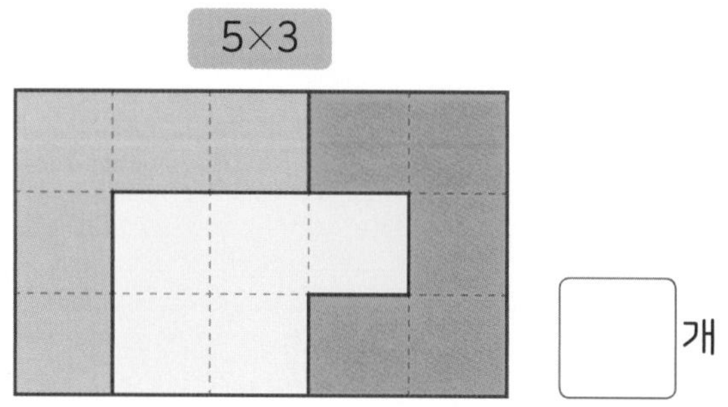

개

5×4

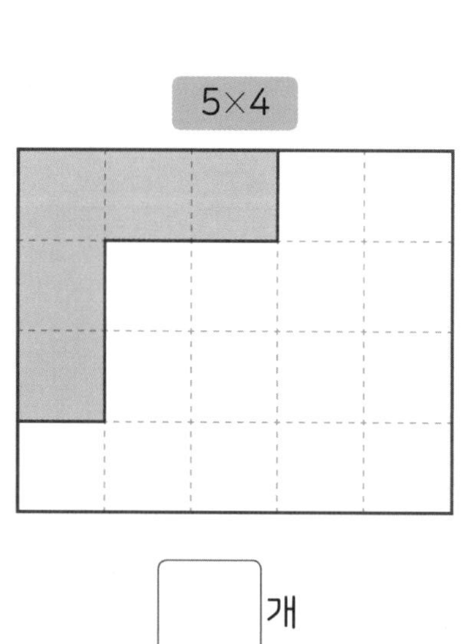

개

5×6

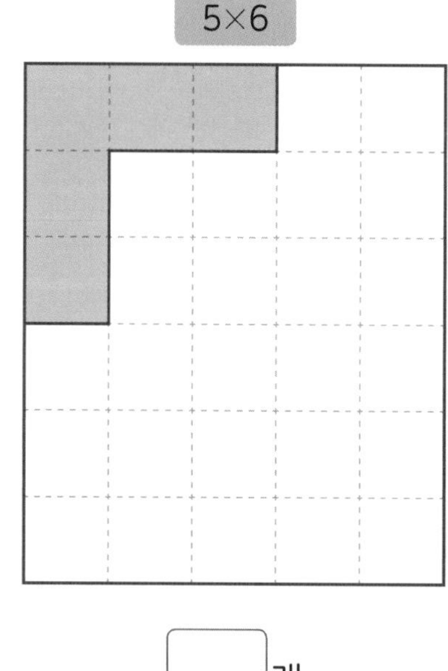

개

안쌤 Tip

펜토미노 조각으로 만든 직사각형의 크기는 직사각형을 이루는 가장 작은 정사각형의 개수로 나타낼 수 있어요.

서로 다른 모양의 펜토미노 조각을 한 번씩만 이용하여 9×5 크기의 직사각형을 만들려고 합니다. 물음에 답하세요.

◉ 1개의 펜토미노 조각을 이루는 가장 작은 정사각형의 개수를 써 보세요.

◉ 9×5 크기의 직사각형을 만들기 위해 필요한 펜토미노 조각의 개수를 구하는 식을 세워 보세요.

◉ 위에서 구한 개수의 펜토미노 조각을 이용하여 9×5 크기의 직사각형을 만들어 보세요.

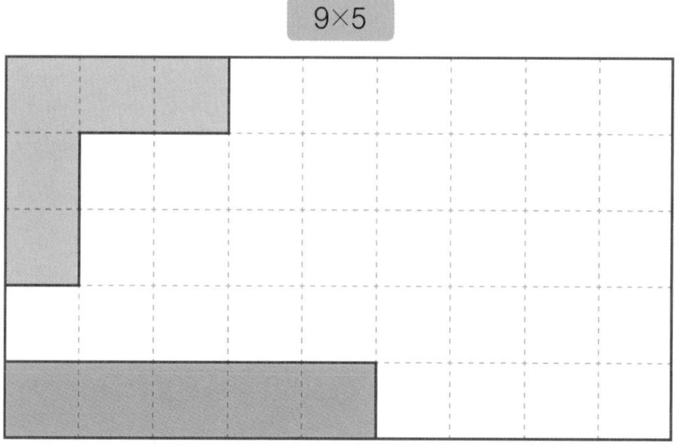

정답 ≫ 96쪽

직사각형 만들기 | 수와 연산 |

12개의 펜토미노 조각을 모두 한 번씩만 이용하여 만들 수 있는 직사각형을 한 가지 만들어 보세요.

◉ 12개의 펜토미노 조각을 이루는 가장 작은 정사각형의 개수는 모두 ☐ × ☐ = ☐ (개)이므로, 만들 수 있는 직사각형은 가장 작은 정사각형 ☐ 개로 이루어져 있습니다.

◉ 가장 작은 정사각형 ☐ 개로 만들 수 있는 직사각형의 크기는 다음과 같이 나타낼 수 있습니다.

1 × 60　　2 × ☐　　3 × ☐

4 × ☐　　5 × ☐　　6 × ☐

➔ 펜토미노 조각으로 만들 수 있는 직사각형의 크기:

☐ × ☐, ☐ × ☐, ☐ × ☐,

☐ × ☐

◉ 내가 만든 직사각형의 크기: ☐ × ☐

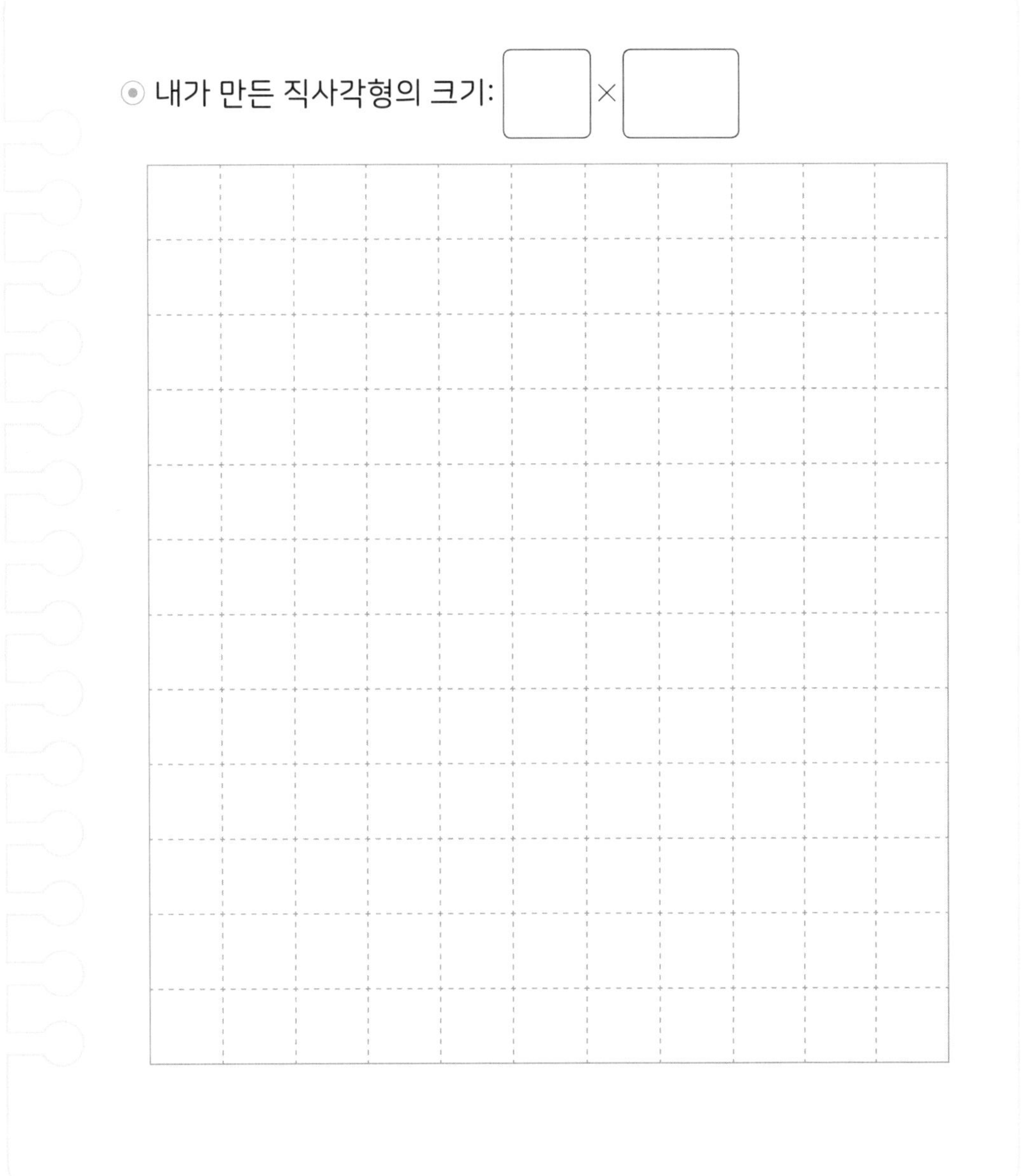

정답 ≫ 96쪽

정사각형 만들기 | 수와 연산 |

서로 다른 모양의 펜토미노 조각을 한 번씩만 이용하여 정사각형을 만들어 보세요.

- 정사각형은 가로와 세로의 길이가 모두 (같습니다 , 다릅니다).
- 정사각형의 크기는 1×1, 2×2, 3×3, …으로 나타낼 수 있습니다.

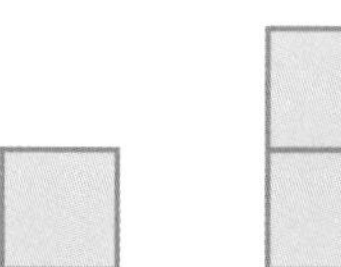
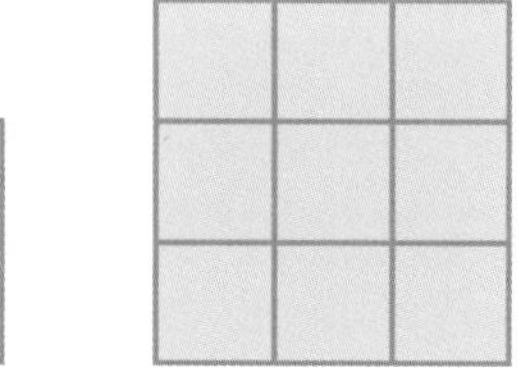

…

- 정사각형의 크기에 따라 정사각형을 이루는 가장 작은 정사각형의 개수는 다음과 같습니다.

크기	개수(개)	크기	개수(개)
1×1		5×5	
2×2		6×6	
3×3		7×7	
4×4		8×8	

안쌤 Tip

펜토미노 조각으로 만든 정사각형의 크기는 정사각형을 이루는 가장 작은 정사각형의 개수로 나타낼 수 있어요.

◉ 12개의 펜토미노 조각을 이루는 가장 작은 정사각형의 개수는 모두 ☐개입니다. 따라서 12개의 펜토미노 조각을 이용하여 만들 수 있는 정사각형을 이루는 가장 작은 정사각형의 개수는 이보다 (많아 , 적어)야 합니다.

◉ 1개의 펜토미노 조각을 이루는 가장 작은 정사각형은 ☐개이므로 펜토미노 조각으로 만든 정사각형을 이루는 가장 작은 정사각형의 개수는 ☐의 배수이어야 합니다.

➔ 펜토미노 조각으로 만들 수 있는 정사각형의 크기: ☐ × ☐

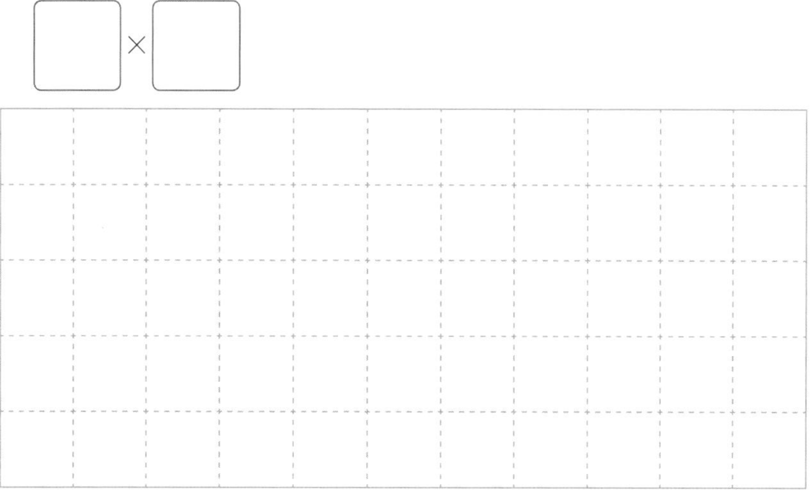

정답 ≫ 97쪽

Unit 06

04 사각형 만들기 | 수와 연산 |

서로 다른 모양의 펜토미노 조각을 한 번씩만 이용하여 각각의 직사각형을 만들어 보세요.

10×4

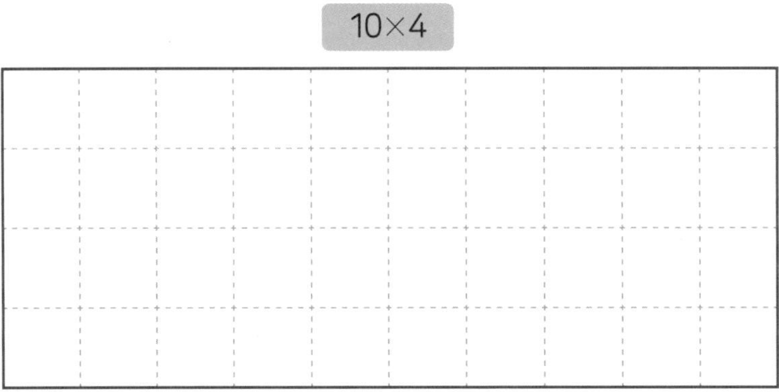

11×5

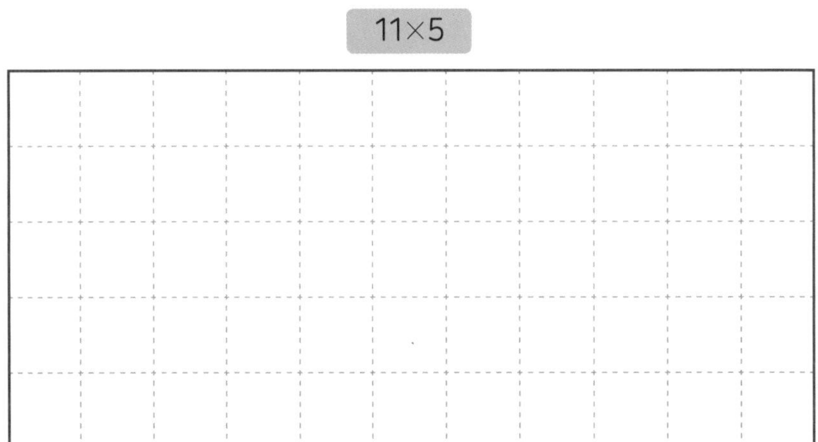

1개의 테트로미노 조각과 12개의 펜토미노 조각을 이용하여 8×8 크기의 정사각형을 만들어 보세요.

※부록 8×8 크기의 정사각형 만들기(105쪽)를 학습에 활용해 보세요.

방법

① 8×8 크기의 정사각형의 한 가운데에는 2×2 크기의 정사각형 모양의 테트로미노를 놓습니다.

② 나머지 칸은 12개의 펜토미노 조각을 모두 한 번씩만 이용하여 빈틈없이 채워 놓습니다.

Unit 06

8×8

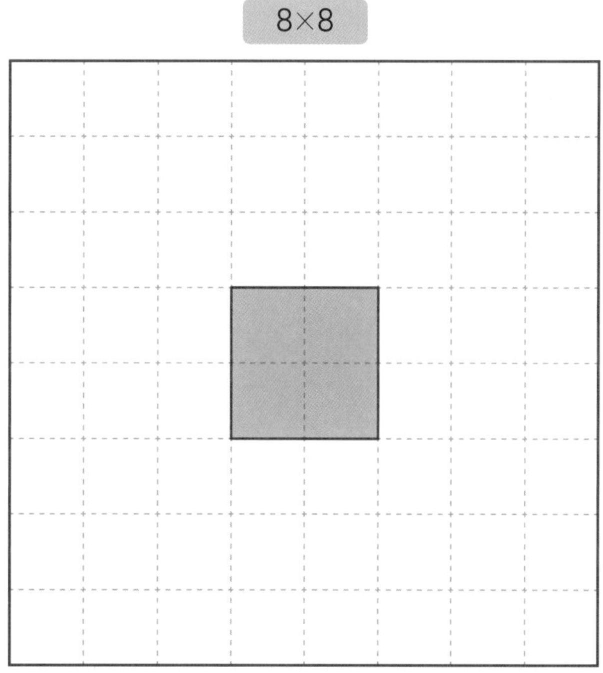

정답 97쪽

도형의 둘레

| 도형 |

도형의 둘레를 알아봐요!

Unit 07 01 둘레 구하기
Unit 07 02 가장 크게
Unit 07 03 가장 작게
Unit 07 04 도형 만들기

둘레 구하기 | 도형 |

펜토미노 조각의 둘레를 구하는 방법을 알아보세요.

◉ 방법 1: 변의 길이를 모두 더하여 구합니다.

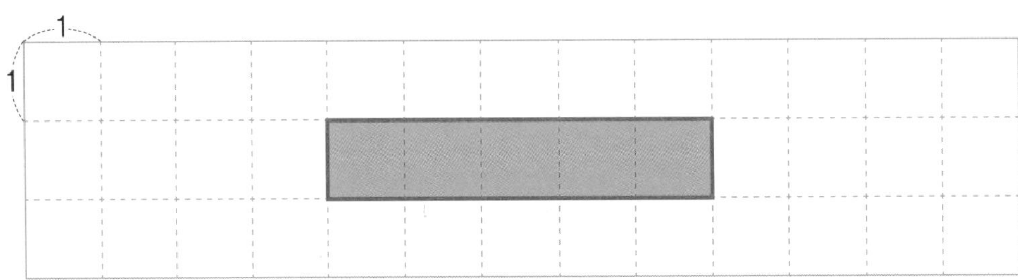

5+1+5+1=

◉ 방법 2: 직사각형으로 만들어 구합니다.

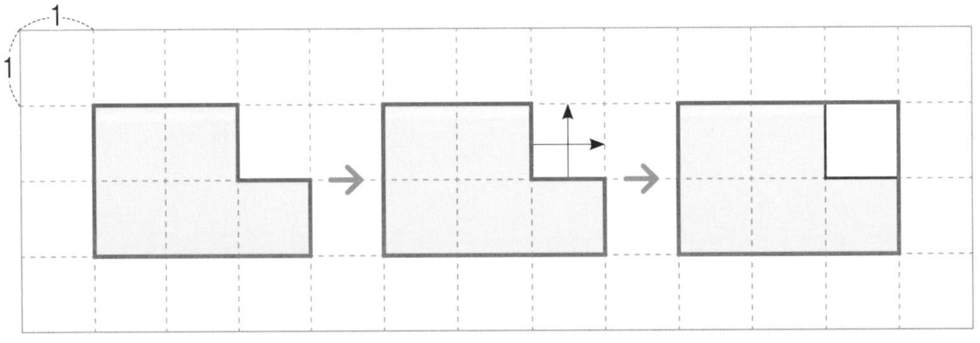

3+2+3+2=

안쌤 Tip

도형의 테두리 또는 테두리의 길이를 둘레라고 해요.

◉ 방법 3: 직사각형으로 만들어 구하고, 남는 변의 길이를 더합니다.

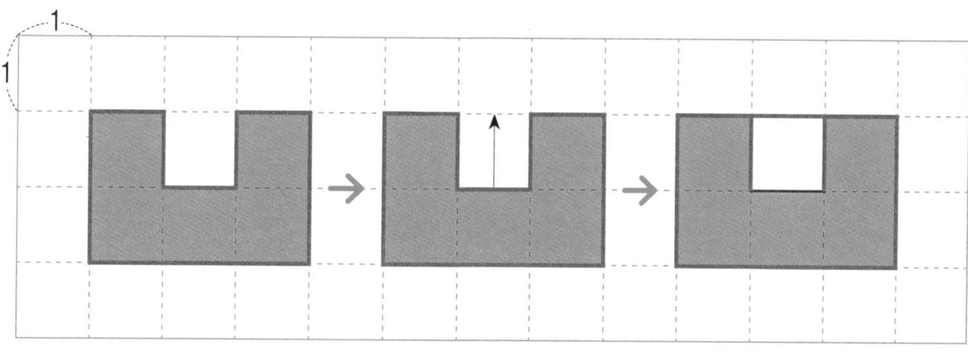

3+2+3+2+1+1=

주어진 펜토미노 조각의 둘레를 구해 보세요.

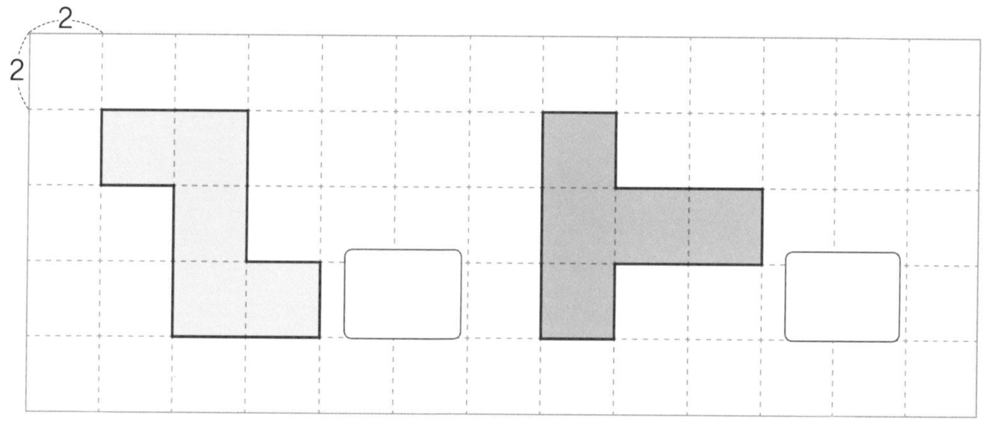

Unit 07

정답 ≫ 98쪽

Unit 07

02 가장 크게 | 도형 |

주어진 펜토미노 조각과 정사각형 1개를 변이 맞닿게 붙여 둘레가 가장 큰 하나의 도형을 만들어 보세요. 또, 만들어진 도형의 둘레를 구해 보세요.

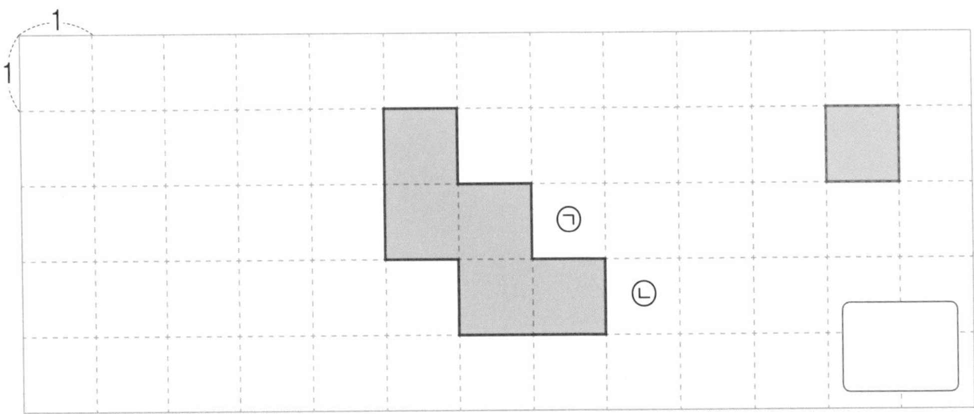

⊙ 정사각형 1개를 ㉠에 붙이면 둘레는 ☐ 입니다.

⊙ 정사각형 1개를 ㉡에 붙이면 둘레는 ☐ 입니다.

→ 펜토미노 조각과 정사각형의 변이 (많이 , 조금) 겹칠수록 만들어진 도형의 둘레가 커집니다.

주어진 펜토미노 조각과 제시된 개수 만큼의 정사각형을 변이 맞닿게 붙여 둘레가 가장 큰 하나의 도형을 만들어 보세요. 또, 만들어진 도형의 둘레를 각각 구해 보세요.

◉ 정사각형 2개

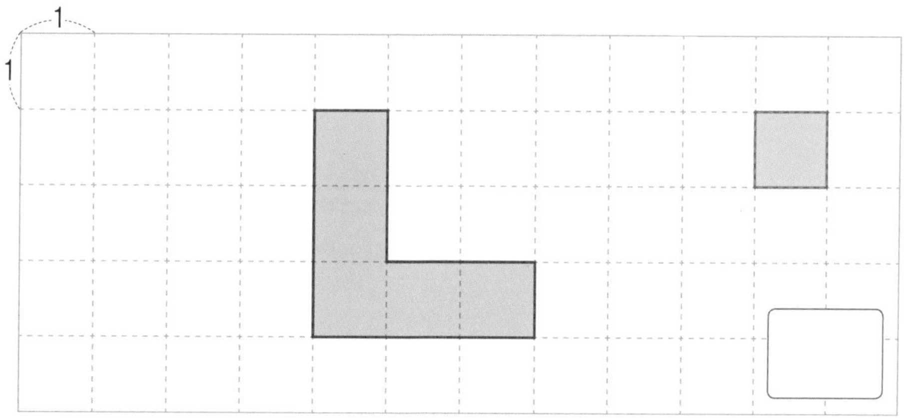

◉ 정사각형 3개

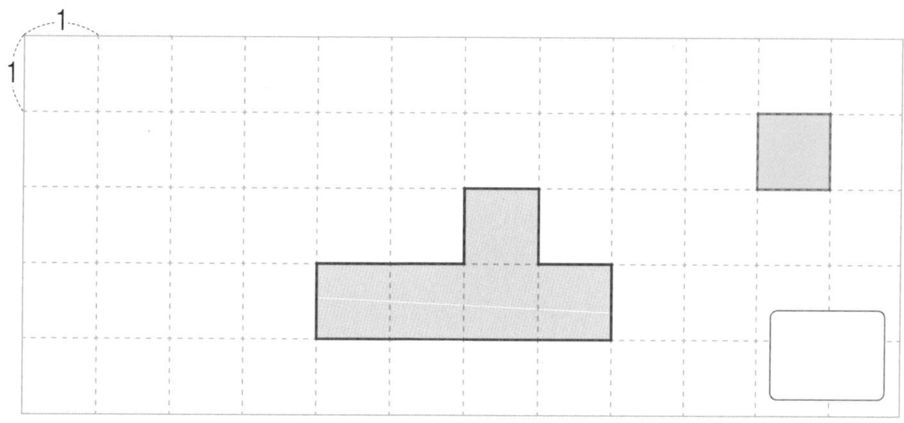

정답 98쪽

Unit 07

Unit 07

03 가장 작게 | 도형 |

주어진 펜토미노 조각과 정사각형 1개를 변이 맞닿게 붙여 둘레가 가장 작은 하나의 도형을 만들려고 합니다. 물음에 답하세요.

◉ 빈칸에 알맞은 말을 써넣어 보세요.

펜토미노 조각과 정사각형의 변이 [   ] 겹칠수록 만들어진 도형의 둘레가 작아집니다.

◉ 펜토미노 조각과 정사각형 1개를 변이 맞닿게 붙여 둘레가 가장 작은 하나의 도형을 만들어 보세요. 또, 만들어진 도형의 둘레를 구해 보세요.

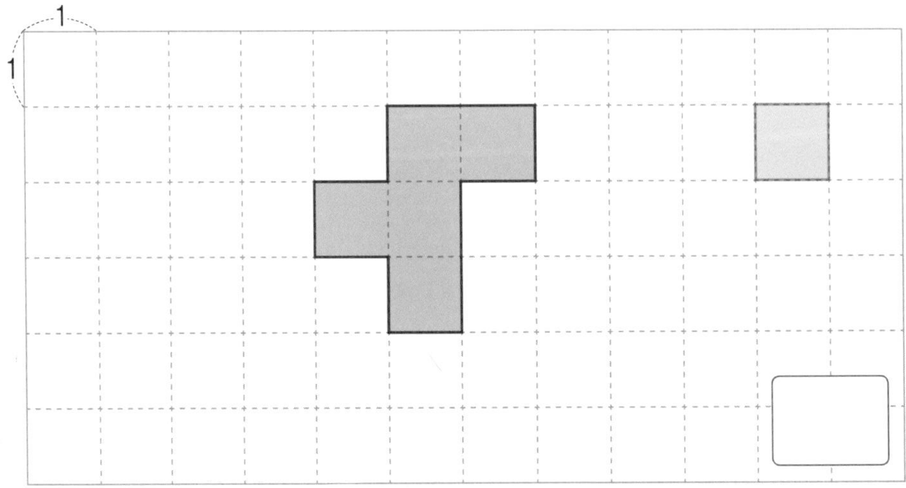

주어진 펜토미노 조각과 제시된 개수 만큼의 정사각형을 변이 맞닿게 붙여 둘레가 가장 작은 하나의 도형을 만들어 보세요. 또, 만들어진 도형의 둘레를 각각 구해 보세요.

◉ 정사각형 3개

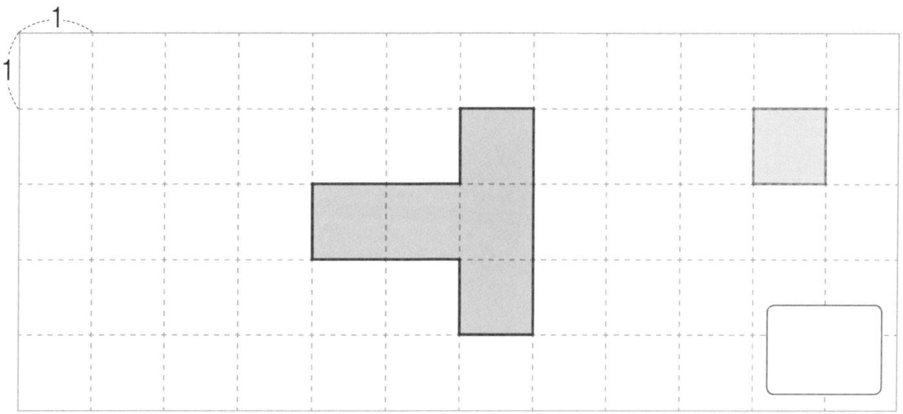

◉ 정사각형 5개

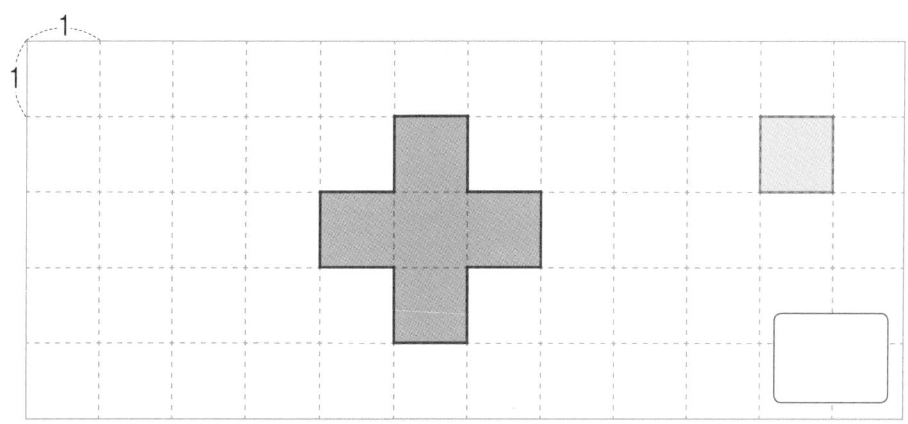

정답 ≫ 99쪽

도형 만들기 | 도형 |

주어진 2개의 펜토미노 조각을 변이 맞닿게 붙여 둘레가 가장 큰 도형과 가장 작은 도형을 만들어 보세요. 또, 만들어진 도형의 둘레를 각각 구해 보세요. (단, 각 조각은 뒤집거나 돌릴 수 있습니다.)

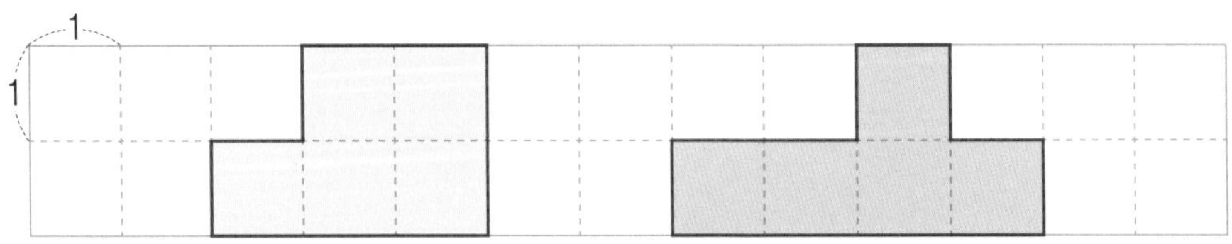

◉ 둘레가 가장 큰 도형 ◉ 둘레가 가장 작은 도형

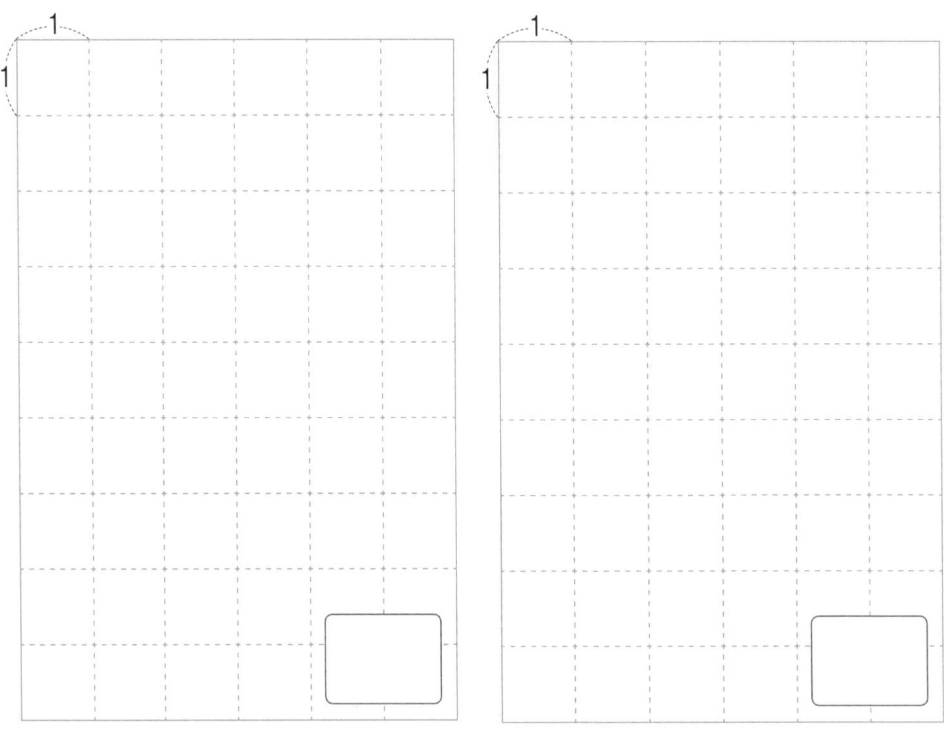

서로 다른 모양의 펜토미노 조각 2개를 변이 맞닿게 붙여 제시된 둘레의 도형을 만들어 보세요.

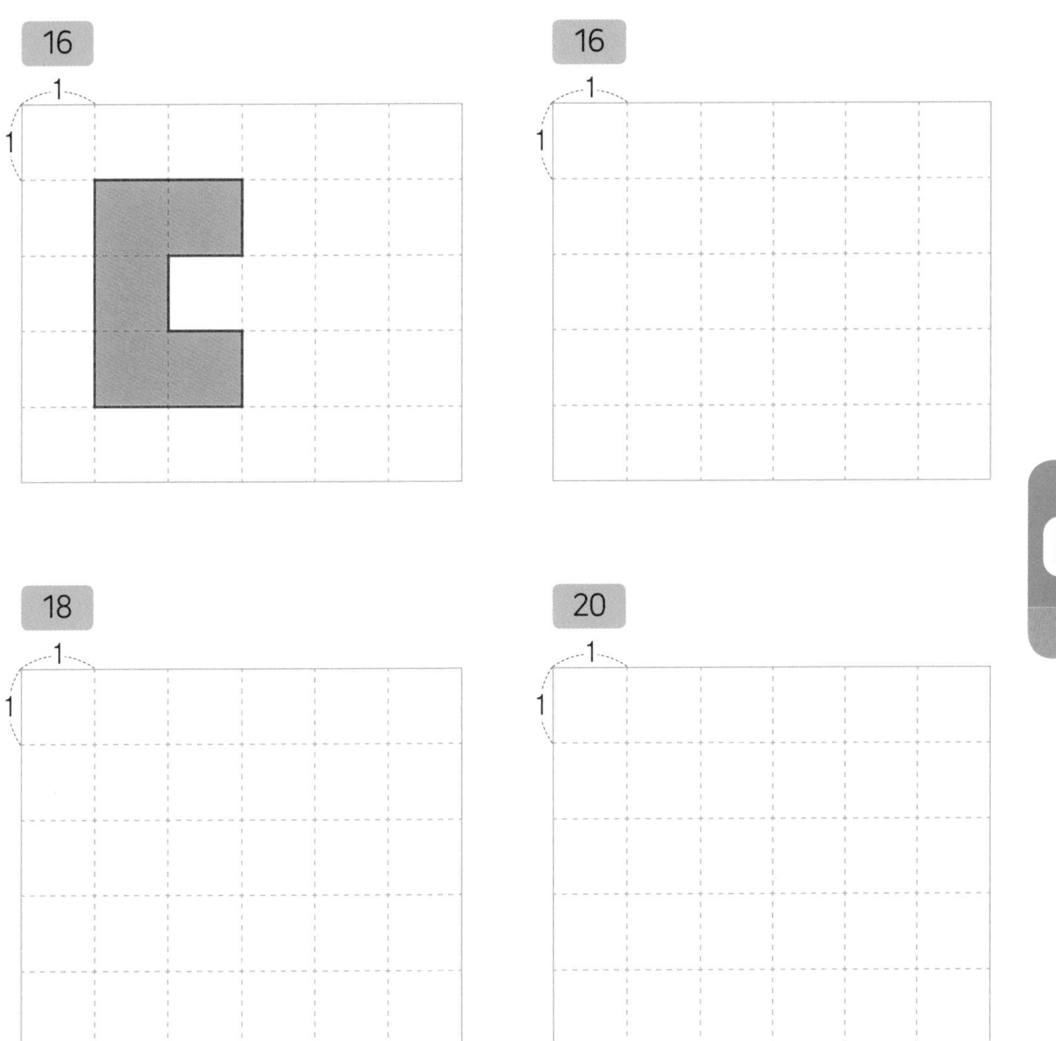

정답 99쪽

펜토미노 퍼즐

| 문제 해결 |

펜토미노 퍼즐을 풀어봐요!

Unit 08 01 상자 퍼즐
Unit 08 02 전개도 퍼즐
Unit 08 03 숫자 퍼즐
Unit 08 04 달력 퍼즐

상자 퍼즐 | 문제 해결 |

다음은 펜토미노 모양의 종이를 점선을 따라 접어 뚜껑이 없는 상자를 만드는 과정을 나타낸 것입니다.

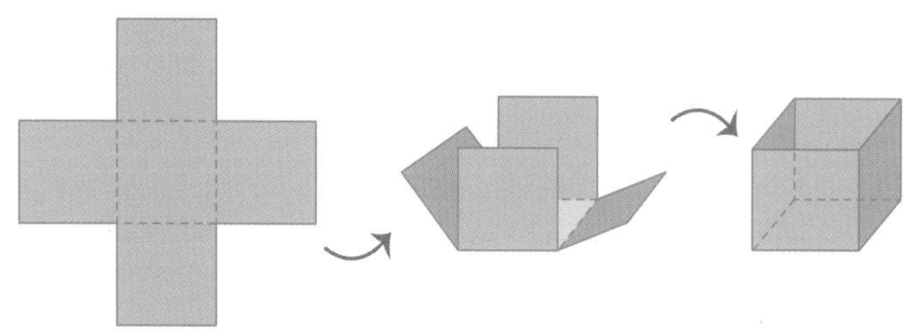

위와 같이 점선을 따라 접을 때 뚜껑이 없는 상자를 만들 수 있는 모양을 모두 찾아 ○표 해 보세요.

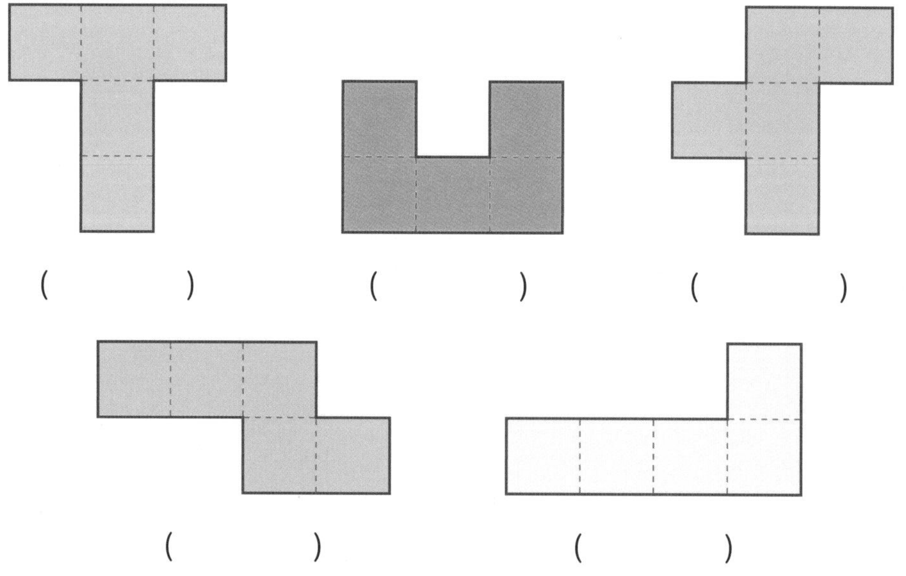

뚜껑이 없는 상자의 밑면에 ★을 표시했습니다. 이 상자를 펼친 모양에서 밑면을 찾아 ★표 해 보세요.

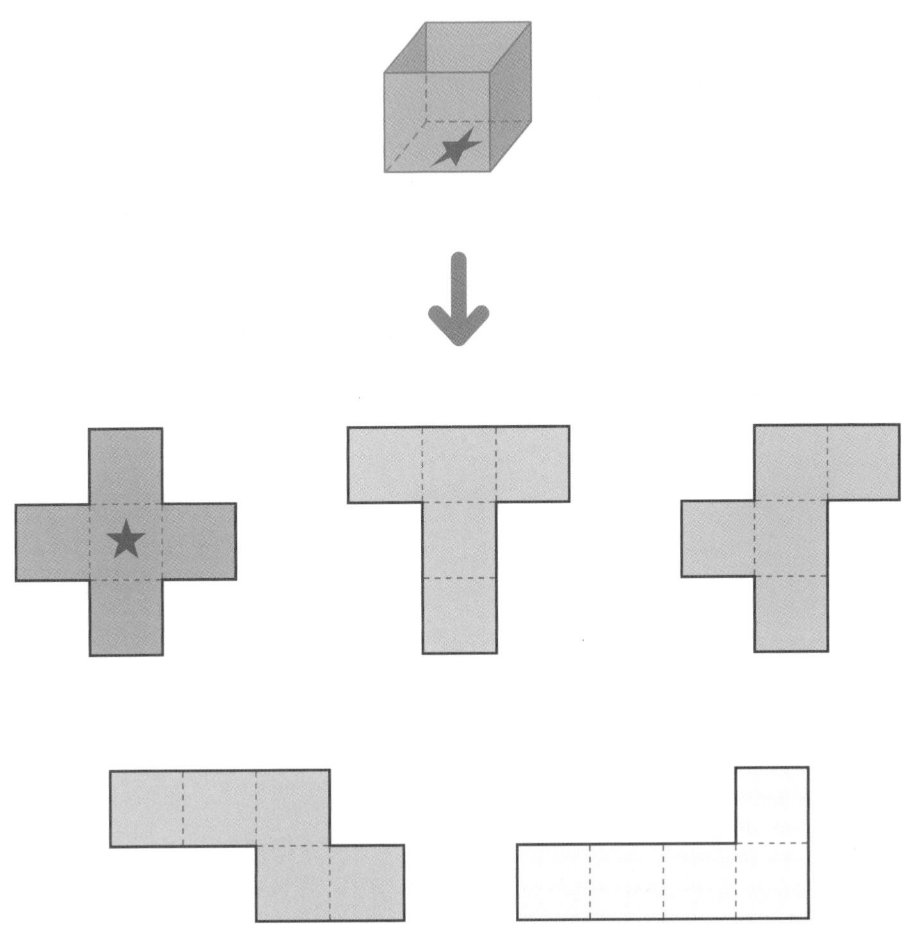

Unit 08

정답 ≫ 100쪽

전개도 퍼즐 | 문제 해결 |

다음과 같이 펜토미노 모양에 정사각형 1개를 변이 맞닿게 붙이면 정육면체의 전개도를 만들 수 있습니다. 물음에 답하세요.

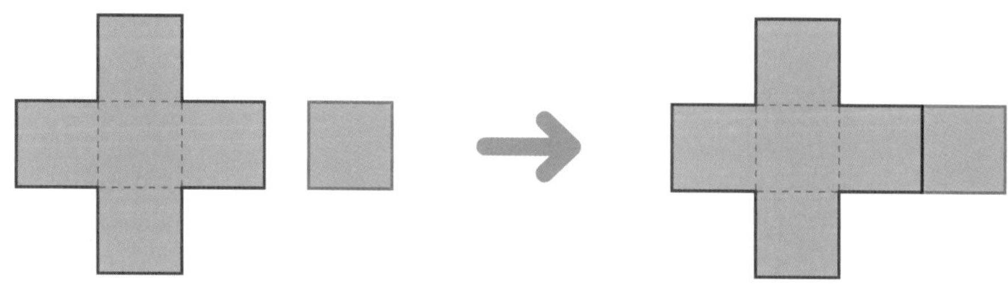

◉ 위와 같이 펜토미노 모양에 정사각형 1개를 변이 맞닿게 붙일 때, 정육면체의 전개도를 만들 수 있는 모양이 아닌 것을 찾아 ○표 해 보세요.

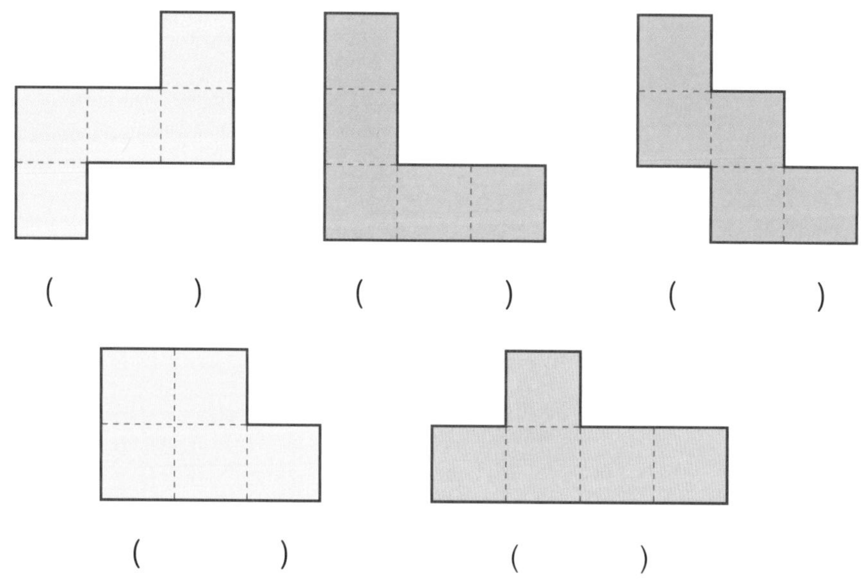

안쌤 Tip

정육면체의 모서리를 잘라서 펼친 그림을
정육면체의 전개도라고 해요.

⊙ 펜토미노 모양에 정사각형을 1개씩 더 그려 넣어 정육면체의 전개도를 완성해 보세요.

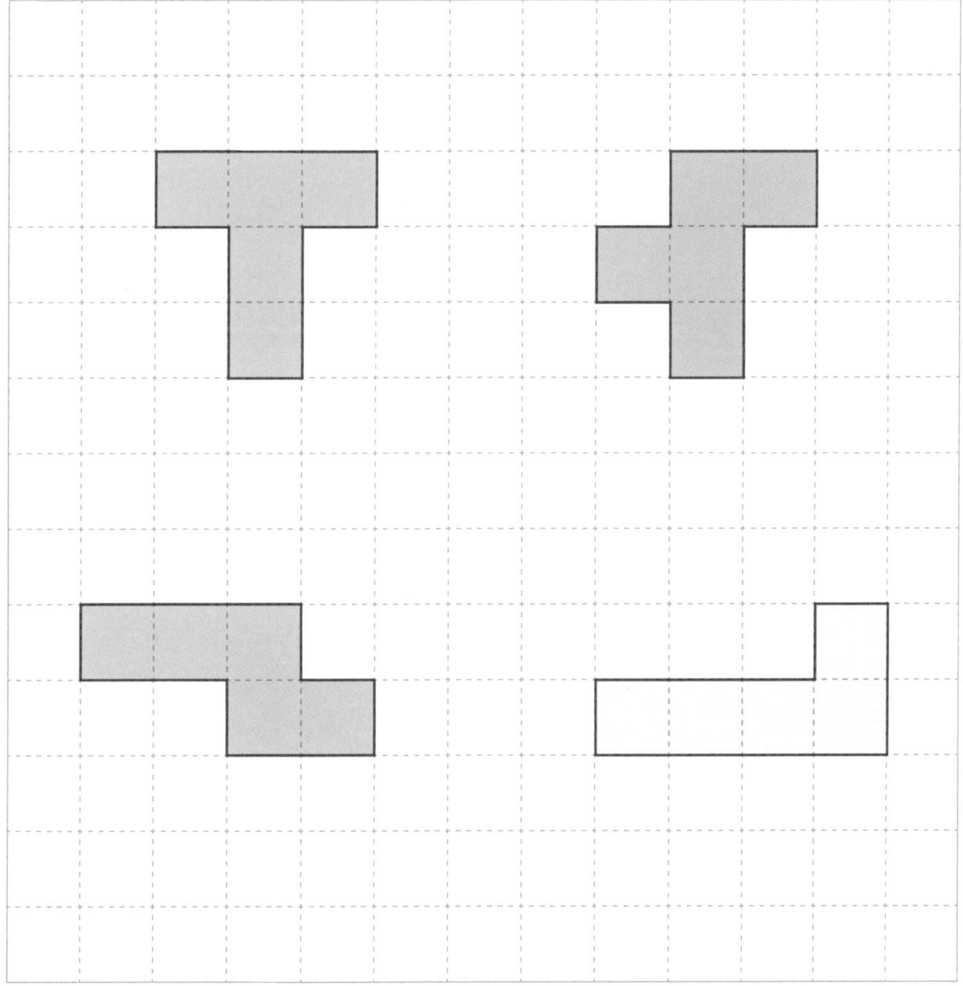

Unit 08

정답 » 100쪽

숫자 퍼즐 | 문제 해결 |

펜토미노 조각 안에 똑같은 숫자 5개가 들어가도록 서로 다른 모양의 펜토미노 조각을 올려 놓고, 빈칸에 알맞은 숫자를 써넣어 보세요.

1	1	1	1	2
1	3	3	3	2
4	4	4	3	2
4	5	4	3	2
5	5	5	5	2

	1	2	5	
1	2			
1		2	4	
3		3		5
	3		4	

		1	2	
3				2
	1			5
		4	4	
	3		5	

1				1
	3			
2				
	4		3	
4			5	

펜토미노 조각 안에 각각 1부터 5까지의 숫자가 하나씩 들어가도록 서로 다른 모양의 펜토미노 조각을 올려놓아 보세요.

2	1	3	4	5
3	1	2	5	4
4	5	1	2	3
1	2	3	4	5

1	2	5	4	3
2	1	4	5	3
5	3	1	4	2
4	3	2	5	1

1	2	1	3	4	4	3	2	1	3
2	3	4	5	5	3	2	1	4	2
5	4	5	2	1	4	3	4	5	4
5	1	3	1	1	2	5	5	1	1
4	2	4	5	2	3	2	4	3	3
2	3	1	3	4	5	1	5	2	5

Unit 08

정답 101쪽

달력 퍼즐 | 문제 해결 |

다음과 같은 <방법>으로 펜토미노 달력에 18일을 나타내어 보세요.

방법

① 6개의 서로 다른 모양의 펜토미노 조각을 사용합니다.

② 나타내야 하는 날짜에 ○표 합니다.

③ ○표 한 칸을 제외한 나머지 칸에 펜토미노 조각을 빈틈없이 올려놓습니다.

펜토미노 달력						
1	2	3	4	5	6	7
8	9	10	11	12	13	14
15	16	17	18	19	20	21
22	23	24	25	26	27	28
29	30	31				

? 위의 펜토미노 달력을 나타낼 때 6개의 펜토미노 조각을 사용하는 이유를 설명해 보세요.

다음과 같은 <방법>으로 펜토미노 달력에 2024년 6월 25일 화요일을 나타내어 보세요.

방법

① 10개의 서로 다른 모양의 펜토미노 조각을 사용합니다.

② 나타내야 하는 년, 월, 일, 요일 칸에 ○표 합니다.

③ ○표 한 칸을 제외한 나머지 칸에 펜토미노 조각을 빈틈없이 올려놓습니다.

펜토미노 달력								
22년	23년	24년	25년	1월	2월	3월	4월	5월
6월	7월	8월	9월	10월	11월	12월	1일	2일
3일	4일	5일	6일	7일	8일	9일	10일	11일
12일	13일	14일	15일	16일	17일	18일	19일	20일
21일	22일	23일	24일	25일	26일	27일	28일	29일
30일	31일	월	화	수	목	금	토	일

Unit 08

정답 101쪽

퍼즐
수학 사고력
UP!
MEMO

정답
확인해 볼까요?

Unit

01 펜토미노 | 도형 |

06 ~ 07 페이지

폴리오미노 | 도형 |

크기가 같은 정사각형 3개를 변이 맞닿게 붙여 하나의 도형을 만들려고 합니다. 방향을 생각하지 않고 만들 수 있는 도형을 모두 그려 보세요.

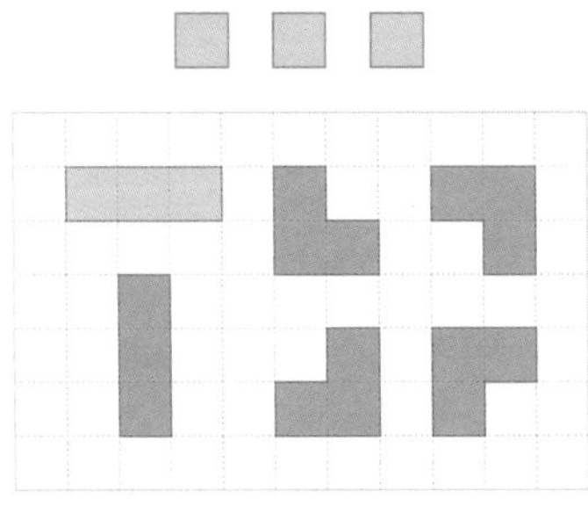

? 위에서 그린 도형을 트리오미노라고 합니다. 이 모양들 중 뒤집거나 돌렸을 때 같은 모양은 한 가지 모양으로 볼 때 서로 다른 모양의 트리오미노는 모두 몇 가지인지 구해 보세요. 2가지

한뼘 Tip 크기가 같은 정사각형들을 변이 맞닿게 붙여 하나로 이어 만든 도형을 폴리오미노라고 합니다.

크기가 같은 정사각형 4개를 변이 맞닿게 붙여 하나로 이어 만든 도형을 테트로미노라고 합니다. 정사각형 4개로 만들 수 있는 도형을 모두 그려 보세요. (단, 뒤집거나 돌렸을 때 같은 모양은 한 가지 모양으로 봅니다.)

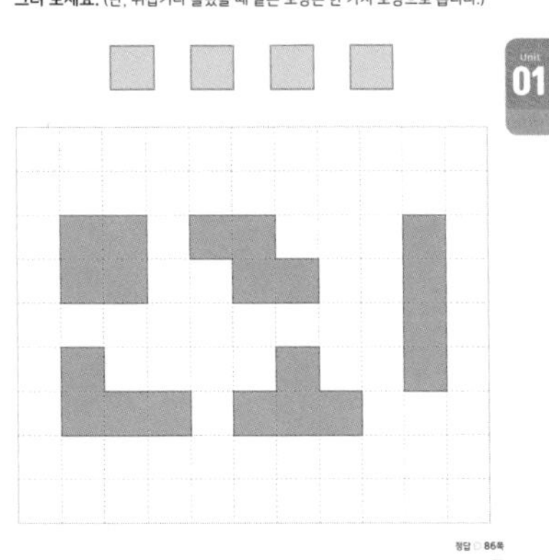

6 펜토미노 퍼즐 · 정답 86쪽 · 01 펜토미노 7

08 ~ 09 페이지

펜토미노 만들기 | 도형 |

크기가 같은 정사각형 5개를 변이 맞닿게 붙여 하나로 이어 만든 도형을 펜토미노라고 합니다. 물음에 답하세요. (단, 뒤집거나 돌렸을 때 같은 모양은 한 가지 모양으로 봅니다.)

◉ 주어진 도형에 정사각형을 1개씩 더 그려 넣어 모양이 다른 펜토미노를 완성해 보세요.

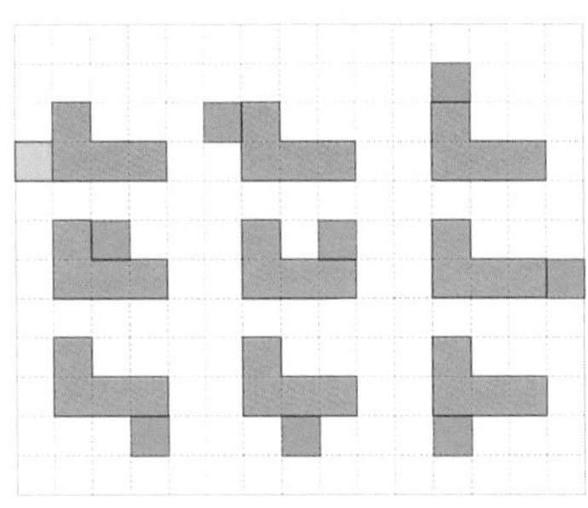

◉ 주어진 도형에 정사각형을 1개씩 더 그려 넣어 앞에서 그린 모양과 다른 펜토미노를 완성해 보세요.

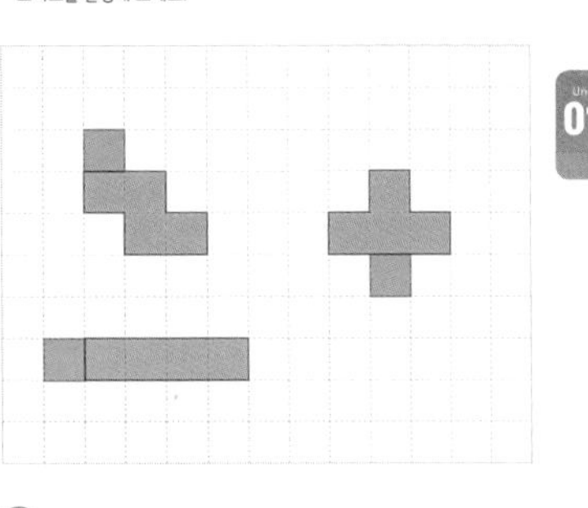

? 크기가 같은 정사각형 5개로 만들 수 있는 서로 다른 모양의 펜토미노는 모두 몇 가지인지 구해 보세요. 12가지

8 펜토미노 퍼즐 · 정답 86쪽 · 01 펜토미노 9

10 ~ 11 페이지

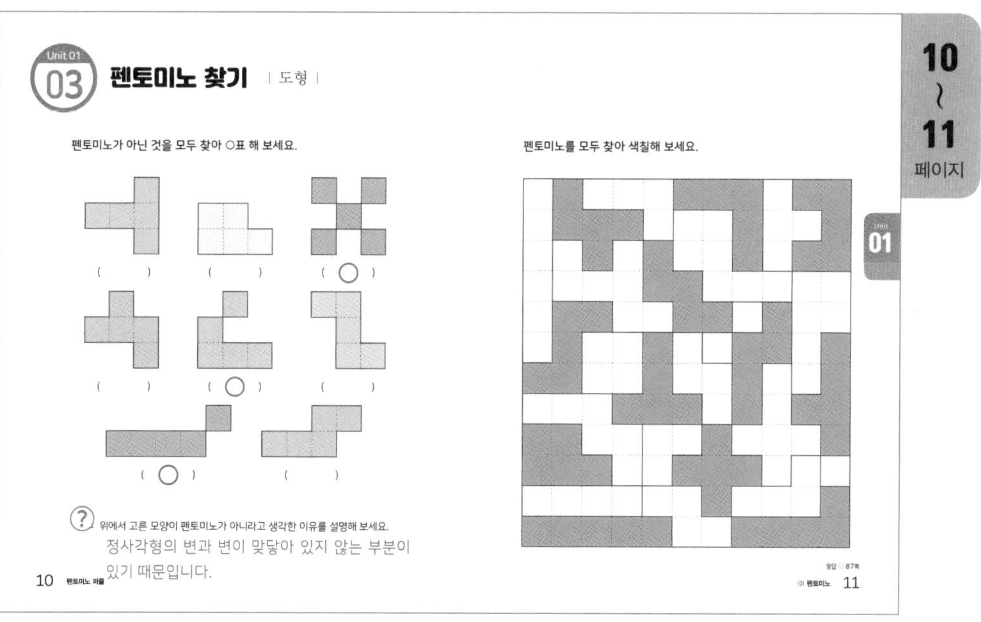

12 ~ 13 페이지

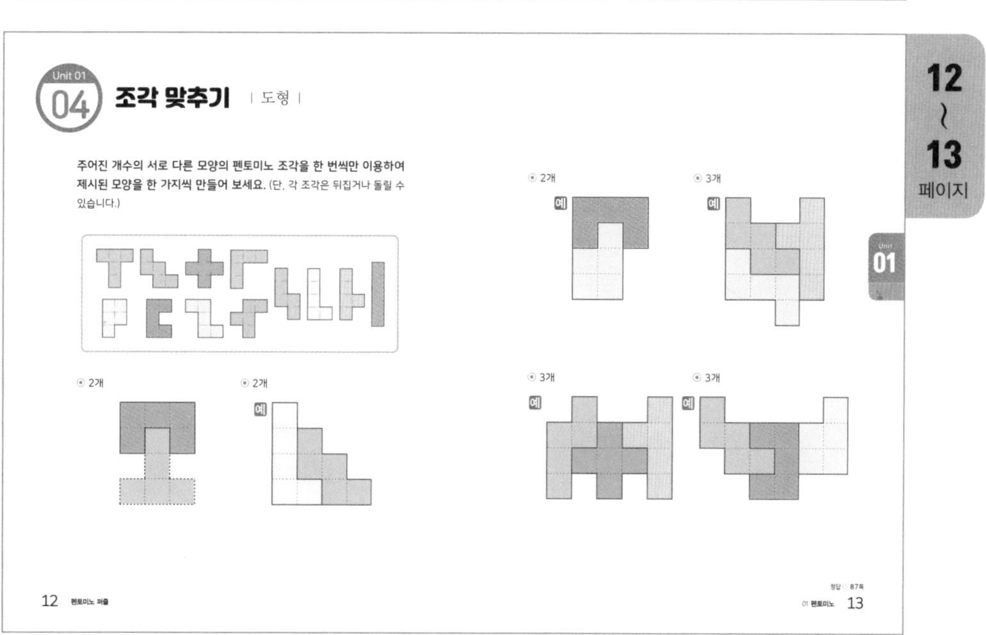

Unit 02 도형의 이동 | 도형 |

16 ~ 17 페이지

Unit 02 01 도형의 이동 | 도형 |

다음 도형을 각각의 방향으로 뒤집은 모양을 그려 보세요.

주어진 도형들을 시계 방향으로 90°만큼 3번 돌렸습니다. 각 단계별로 알맞은 모양을 그려 보세요.

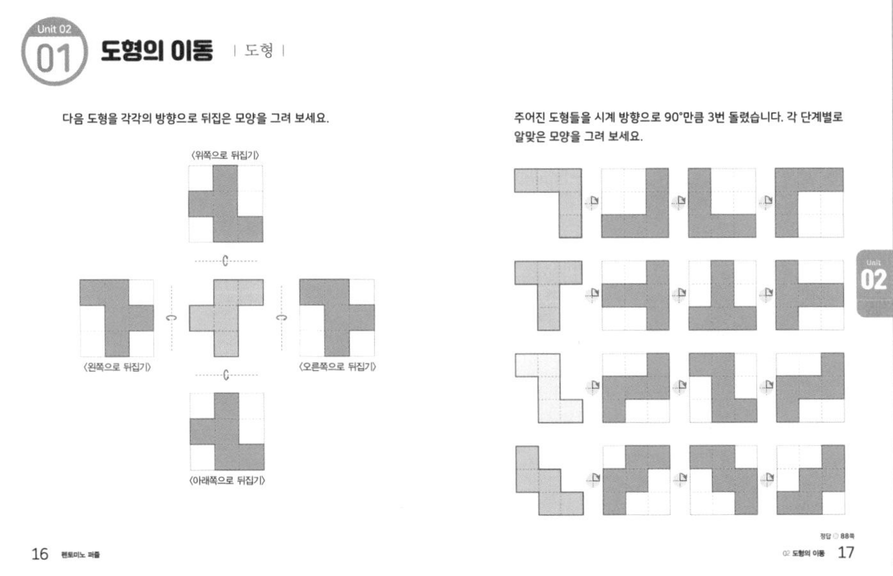

16 펜토미노 퍼즐

정답 ◎ 88쪽

02 도형의 이동 17

18 ~ 19 페이지

Unit 02 02 도형 뒤집기 | 도형 |

오른쪽으로 3번 뒤집은 모양이 처음과 같은 모양을 모두 찾아 ○표 하고, 모양이 변하지 않는 도형의 공통점을 설명해 보세요.

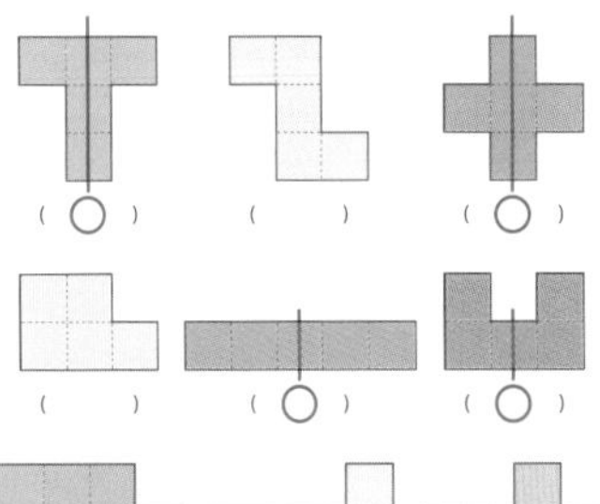

(○) ( ) (○)

( ) (○) (○)

( ) ( ) ( )

• 공통점: 예 도형의 정가운데의 표시한 선을 중심으로 오른쪽과 왼쪽의 모양이 같습니다.

왼쪽 도형을 오른쪽으로 6번 뒤집은 모양을 그려 보세요.

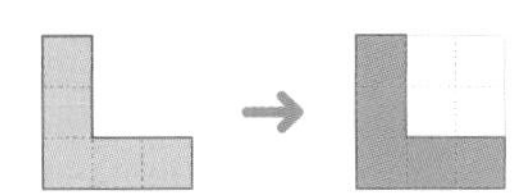

• 도형을 짝수 번 뒤집으면 처음 모양과 (같습니다 , 다릅니다).

어떤 도형을 아래쪽으로 7번 뒤집었더니 오른쪽과 같은 도형이 되었습니다. 처음 도형은 어떤 모양인지 왼쪽에 그려 보세요.

18 펜토미노 퍼즐

정답 ◎ 88쪽

02 도형의 이동 19

20~21 페이지

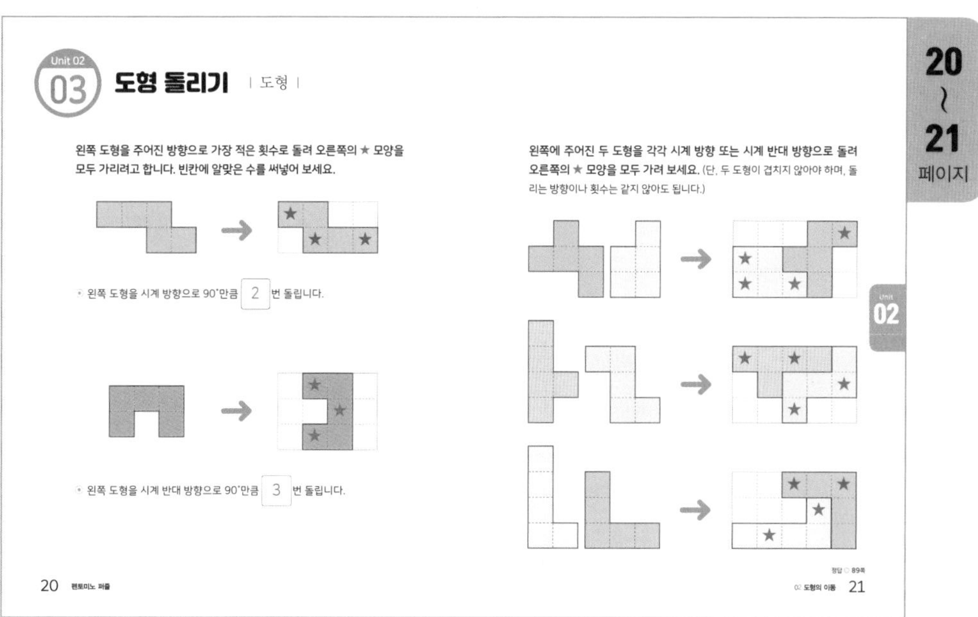

Unit 02 03 **도형 돌리기** | 도형 |

왼쪽 도형을 주어진 방향으로 가장 적은 횟수로 돌려 오른쪽의 ★ 모양을 모두 가리려고 합니다. 빈칸에 알맞은 수를 써넣어 보세요.

- 왼쪽 도형을 시계 방향으로 90°만큼 2 번 돌립니다.
- 왼쪽 도형을 시계 반대 방향으로 90°만큼 3 번 돌립니다.

왼쪽에 주어진 두 도형을 각각 시계 방향 또는 시계 반대 방향으로 돌려 오른쪽의 ★ 모양을 모두 가려 보세요. (단, 두 도형이 겹치지 않아야 하며, 돌리는 방향이나 횟수는 같지 않아도 됩니다.)

정답 89쪽

20 펜토미노 퍼즐 · 02 도형의 이동 21

22~23 페이지

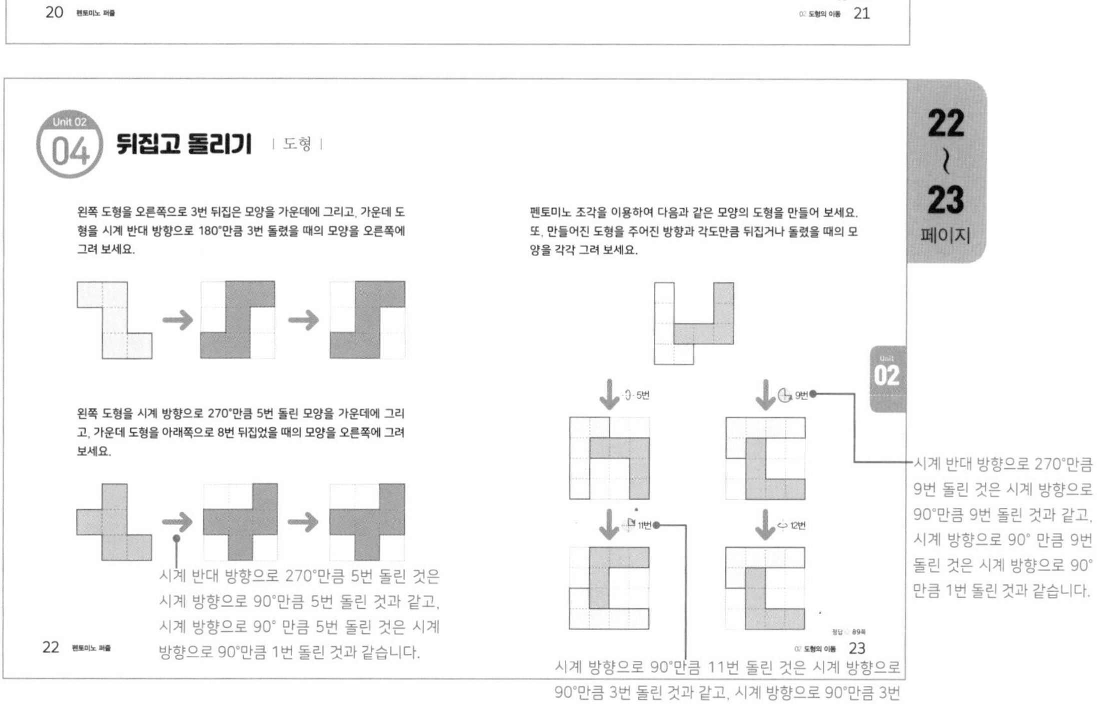

Unit 02 04 **뒤집고 돌리기** | 도형 |

왼쪽 도형을 오른쪽으로 3번 뒤집은 모양을 가운데에 그리고, 가운데 도형을 시계 반대 방향으로 180°만큼 3번 돌렸을 때의 모양을 오른쪽에 그려 보세요.

왼쪽 도형을 시계 방향으로 270°만큼 5번 돌린 모양을 가운데에 그리고, 가운데 도형을 아래쪽으로 8번 뒤집었을 때의 모양을 오른쪽에 그려 보세요.

시계 반대 방향으로 270°만큼 5번 돌린 것은 시계 방향으로 90°만큼 5번 돌린 것과 같고, 시계 방향으로 90° 만큼 5번 돌린 것은 시계 방향으로 90°만큼 1번 돌린 것과 같습니다.

펜토미노 조각을 이용하여 다음과 같은 모양의 도형을 만들어 보세요. 또, 만들어진 도형을 주어진 방향과 각도만큼 뒤집거나 돌렸을 때의 모양을 각각 그려 보세요.

5번 · 9번 · 11번 · 12번

시계 반대 방향으로 270°만큼 9번 돌린 것은 시계 방향으로 90°만큼 9번 돌린 것과 같고, 시계 방향으로 90° 만큼 9번 돌린 것은 시계 방향으로 90° 만큼 1번 돌린 것과 같습니다.

시계 방향으로 90°만큼 11번 돌린 것은 시계 방향으로 90°만큼 3번 돌린 것과 같고, 시계 방향으로 90°만큼 3번 돌린 것은 시계 반대 방향으로 1번 돌린 것과 같습니다.

정답 89쪽

22 펜토미노 퍼즐 · 02 도형의 이동 23

03 펜토미노 연산 | 수와 연산 |

26 ~ 27 페이지

01 알맞은 식 세우기 | 수와 연산 |

왼쪽 도형을 숫자판 위에 올렸을 때 도형 안의 5개의 수의 합이 65가 되는 곳을 찾아보려고 합니다. 물음에 답하세요. (단, 도형을 뒤집거나 돌리지 않습니다.)

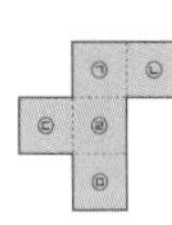

1	2	3	4	5
6	7	8	9	10
11	12	13	14	15
16	17	18	19	20
21	22	23	24	25

- ㉠~㉤ 중 가장 작은 수는 ㉠입니다. ㉡~㉤을 ㉠을 사용한 식으로 나타내어 보세요.

㉡=㉠+ 1 , ㉢=㉠+ 4 , ㉣=㉠+ 5 , ㉤=㉠+ 10

- ㉠을 사용하여 나타낸 식으로 도형 안의 수의 합이 65가 되는 식을 만들어서 ㉠의 값을 구해 보세요. 또, 위의 숫자판에서 수의 합이 65가 되는 곳을 찾아 보세요.

㉠+(㉠+1)+(㉠+4)+(㉠+5)+(㉠+10)=65

㉠×5+20=65, ㉠×5=45, ㉠=9

왼쪽 도형을 숫자판 위에 올렸을 때 도형 안의 5개의 수의 합이 85가 되는 곳을 찾아보세요. (단, 도형을 뒤집거나 돌리지 않습니다.)

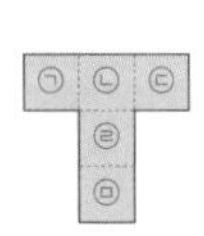

1	2	3	4	5
6	7	8	9	10
11	12	13	14	15
16	17	18	19	20
21	22	23	24	25

㉠+(㉠+1)+(㉠+2)+(㉠+6)+(㉠+11)=85

㉠×5+20=85, ㉠×5=65, ㉠=13

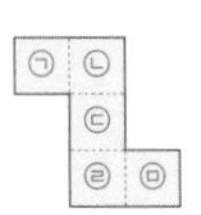

1	2	3	4	5
6	7	8	9	10
11	12	13	14	15
16	17	18	19	20
21	22	23	24	25

㉠+(㉠+1)+(㉠+6)+(㉠+11)+(㉠+12)=85

㉠×5+30=85, ㉠×5=55, ㉠=11

28 ~ 29 페이지

02 도형 움직이기 | 수와 연산 |

숫자판 위에 다음과 같은 도형을 올렸을 때 도형 안의 5개의 수의 합은 74입니다. 물음에 답하세요. (단, 도형을 뒤집거나 돌리지 않습니다.)

2+12+13+23+24=74

0	1	2	3	4	5	6	7	8	9
10	11	12	13	14	15	16	17	18	19
20	21	22	23	24	25	26	27	28	29
30	31	32	33	34	35	36	37	38	39
40	41	42	43	44	45	46	47	48	49

16+26+27+37+38=144

- 위의 도형을 오른쪽으로 한 칸 움직였을 때 도형 안의 수의 합은 얼마나 커지는지 구해 보세요.

5, 도형 안의 5개의 수가 각각 1씩 커지기 때문입니다.

- 위의 도형을 아래쪽으로 한 칸 움직였을 때 도형 안의 수의 합은 얼마나 커지는지 구해 보세요.

50, 도형 안의 5개의 수가 각각 10씩 커지기 때문입니다.

- 도형 안의 수의 합이 144가 되는 곳을 찾아보세요.

144−74=70, 70=50+5+5+5+5

처음 위치에서 아래쪽으로 한 칸, 오른쪽으로 네 칸 움직인 곳을 찾습니다.

숫자판 위에 다음과 같은 도형을 올렸을 때 도형 안의 5개의 수의 합은 408입니다. 도형 안의 수의 합이 133이 되는 곳을 찾아보세요.

(단, 도형을 뒤집거나 돌리지 않습니다.)

12+22+32+33+34=133

1	2	3	4	5	6	7	8	9	10
11	12	13	14	15	16	17	18	19	20
21	22	23	24	25	26	27	28	29	30
31	32	33	34	35	36	37	38	39	40
41	42	43	44	45	46	47	48	49	50
51	52	53	54	55	56	57	58	59	60
61	62	63	64	65	66	67	68	69	70
71	72	73	74	75	76	77	78	79	80
81	82	83	84	85	86	87	88	89	90
91	92	93	94	95	96	97	98	99	100

67+77+87+88+89=408

408−133=275,

275=50+50+50+50+50+5+5+5+5+5

처음 위치에서 위쪽으로 다섯 칸, 왼쪽으로 다섯 칸 움직인 곳을 찾습니다.

30 ~ 31 페이지

03 도형 올려놓기 | 수와 연산 |

숫자판 위에 다음과 같은 도형을 올렸을 때 도형 안의 5개의 수의 합을 구하고, 도형 안의 수의 합이 172가 되는 곳과 347이 되는 곳을 찾아보세요. (단, 도형을 뒤집거나 돌리지 않습니다.)

합: 102

26+27+36+37+46=172

0	1	2	3	4	5	6	7	8	9
10	11	12	13	14	15	16	17	18	19
20	21	22	23	24	25	26	27	28	29
30	31	32	33	34	35	36	37	38	39
40	41	42	43	44	45	46	47	48	49
50	51	52	53	54	55	56	57	58	59
60	61	62	63	64	65	66	67	68	69
70	71	72	73	74	75	76	77	78	79
80	81	82	83	84	85	86	87	88	89
90	91	92	93	94	95	96	97	98	99

61+62+71+72+81=347

30 펜토미노 퍼즐

숫자판 위에 다음과 같은 도형을 올렸을 때 도형 안의 5개의 수의 합을 구하고, 도형 안의 수의 합이 65가 되는 곳과 390이 되는 곳을 찾아보세요. (단, 도형을 뒤집거나 돌리지 않습니다.)

3+12+13+14+23=65

합: 225

1	2	3	4	5	6	7	8	9	10
11	12	13	14	15	16	17	18	19	20
21	22	23	24	25	26	27	28	29	30
31	32	33	34	35	36	37	38	39	40
41	42	43	44	45	46	47	48	49	50
51	52	53	54	55	56	57	58	59	60
61	62	63	64	65	66	67	68	69	70
71	72	73	74	75	76	77	78	79	80
81	82	83	84	85	86	87	88	89	90
91	92	93	94	95	96	97	98	99	100

68+77+78+79+88=390

정답 ▷ 91쪽

03 펜토미노 연산 31

Unit 03

32 ~ 33 페이지

04 두 수의 합 | 수와 연산 |

다음과 같은 도형을 숫자판 위에 올렸습니다. 물음에 답하세요. (단, 도형을 뒤집거나 돌리지 않습니다.)

가장 작은 수

0	1	2	3	4	5	6	7	8	9
10	11	12	13	14	15	16	17	18	19
20	21	22	23	24	25	26	27	28	29
30	31	32	33	34	35	36	37	38	39
40	41	42	43	44	45	46	47	48	49
50	51	52	53	54	55	56	57	58	59

가장 큰 수

- 도형 안의 수 중에서 가장 작은 수와 가장 큰 수의 합을 구해 보세요.
  36+49=85
- 위의 도형을 왼쪽으로 다섯 칸, 위쪽으로 한 칸 움직인 곳을 찾아보고, 가장 작은 수와 가장 큰 수의 합을 구해 보세요.
  21+34=55
- 도형을 옮기기 전의 가장 작은 수와 가장 큰 수의 합과 도형을 옮긴 후 가장 작은 수와 가장 큰 수의 합의 차이를 구해 보세요.
  85−55=30

왼쪽으로 다섯 칸 움직이면 각 칸의 수는 처음보다 5만큼 작아지고, 위쪽으로 한 칸 움직이면 각 칸의 수는 처음보다 10만큼 작아집니다. 가장 큰 수와 가장 작은 수의 합이므로 도형을 움직이기 전보다 (5+10)×2=30만큼 작아집니다.

32 펜토미노 퍼즐

다음과 같은 도형을 숫자판 위에 올렸을 때 도형 안의 가장 작은 수와 가장 큰 수의 합이 127인 곳과 135인 곳을 찾아보세요. (단, 도형을 뒤집거나 돌리지 않습니다.)

가장 작은 수와 가장 큰 수의 합: 24+55=79

1	2	3	4	5	6	7	8	9	10
11	12	13	14	15	16	17	18	19	20
21	22	23	24	25	26	27	28	29	30
31	32	33	34	35	36	37	38	39	40
41	42	43	44	45	46	47	48	49	50
51	52	53	54	55	56	57	58	59	60
61	62	63	64	65	66	67	68	69	70
71	72	73	74	75	76	77	78	79	80
81	82	83	84	85	86	87	88	89	90
91	92	93	94	95	96	97	98	99	100

48+79=127

127−79=48,

48÷2=24=2×10+4

처음 위치에서 아래쪽으로 두 칸, 오른쪽으로 네 칸 움직인 곳을 찾습니다.

52+83=135

135−79=56, 56÷2=28=3×10−2

처음 위치에서 아래쪽으로 세 칸, 왼쪽으로 두 칸 움직인 곳을 찾습니다.

정답 ▷ 91쪽

03 펜토미노 연산 33

Unit 03

Unit

04 대칭도형 | 도형 |

36 ~ 37 페이지

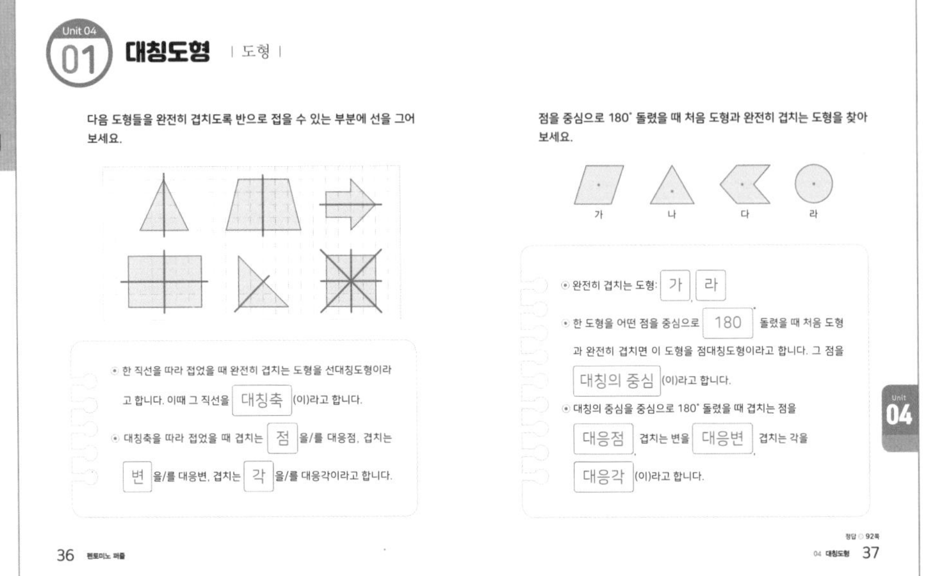

Unit 04 01 **대칭도형** | 도형 |

다음 도형들을 완전히 겹치도록 반으로 접을 수 있는 부분에 선을 그어 보세요.

- 한 직선을 따라 접었을 때 완전히 겹치는 도형을 선대칭도형이라고 합니다. 이때 그 직선을 대칭축 (이)라고 합니다.
- 대칭축을 따라 접었을 때 겹치는 점 을/를 대응점, 겹치는 변 을/를 대응변, 겹치는 각 을/를 대응각이라고 합니다.

점을 중심으로 180° 돌렸을 때 처음 도형과 완전히 겹치는 도형을 찾아 보세요.

가 나 다 라

- 완전히 겹치는 도형: 가, 라
- 한 도형을 어떤 점을 중심으로 180 ° 돌렸을 때 처음 도형과 완전히 겹치면 이 도형을 점대칭도형이라고 합니다. 그 점을 대칭의 중심 (이)라고 합니다.
- 대칭의 중심을 중심으로 180° 돌렸을 때 겹치는 점을 대응점, 겹치는 변을 대응변, 겹치는 각을 대응각 (이)라고 합니다.

36 펜토미노 퍼즐

정답 92쪽

04 대칭도형 37

Unit 04

38 ~ 39 페이지

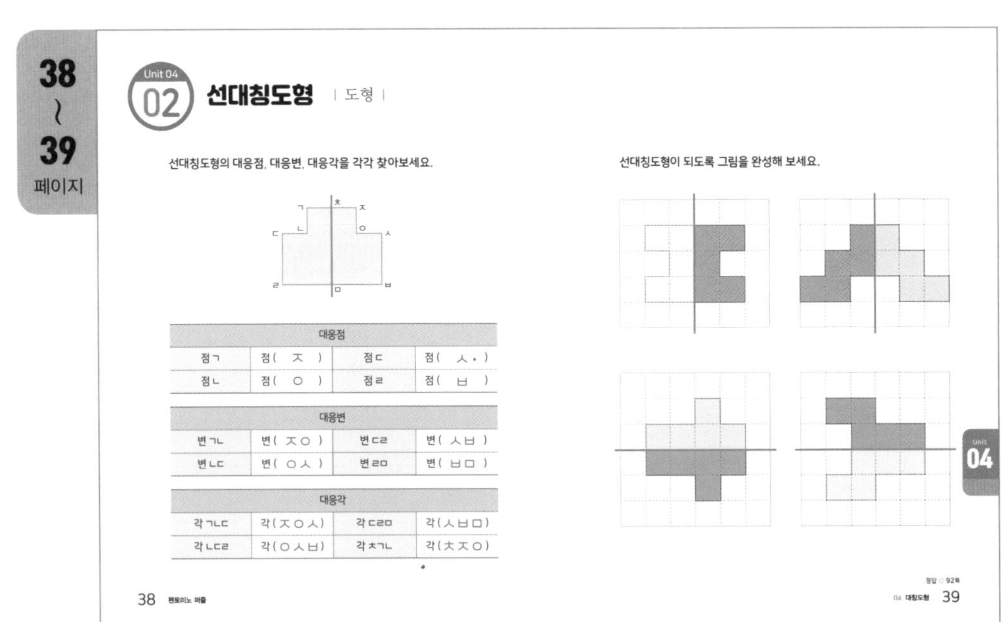

Unit 04 02 **선대칭도형** | 도형 |

선대칭도형의 대응점, 대응변, 대응각을 각각 찾아보세요.

대응점			
점ㄱ	점(ㅈ)	점ㄷ	점(ㅅ)
점ㄴ	점(ㅇ)	점ㄹ	점(ㅂ)

대응변			
변ㄱㄴ	변(ㅈㅇ)	변ㄷㄹ	변(ㅅㅂ)
변ㄴㄷ	변(ㅇㅅ)	변ㄹㅁ	변(ㅂㅁ)

대응각			
각ㄱㄴㄷ	각(ㅈㅇㅅ)	각ㄷㄹㅁ	각(ㅅㅂㅁ)
각ㄴㄷㄹ	각(ㅇㅅㅂ)	각ㅊㄱㄴ	각(ㅊㅈㅇ)

선대칭도형이 되도록 그림을 완성해 보세요.

38 펜토미노 퍼즐

정답 92쪽

04 대칭도형 39

Unit 04

40 ~ 41 페이지

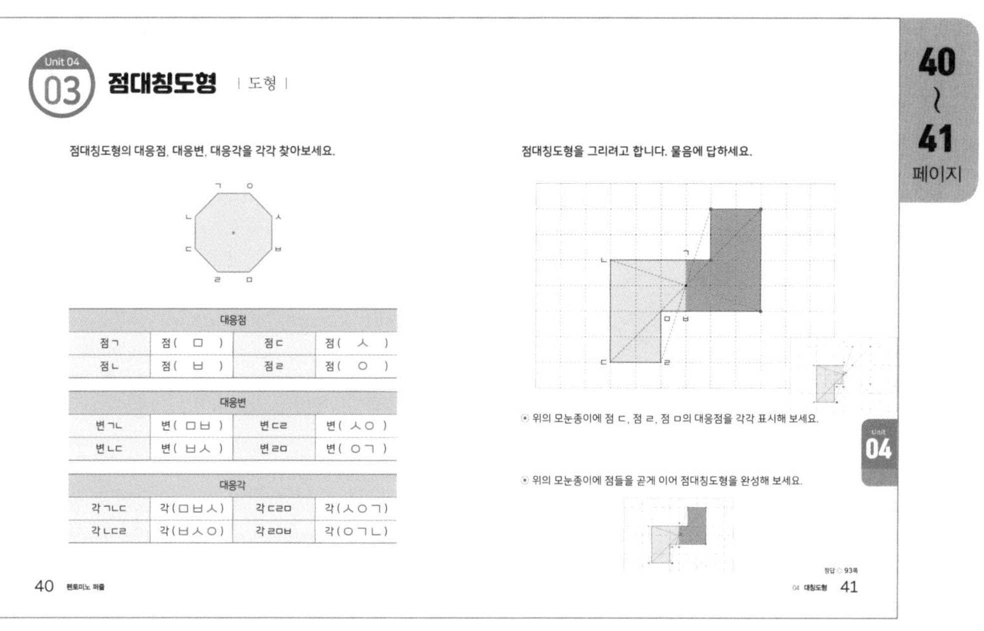

Unit 04 03 점대칭도형 | 도형 |

점대칭도형의 대응점, 대응변, 대응각을 각각 찾아보세요.

대응점			
점ㄱ	점(ㅁ)	점ㄷ	점(ㅅ)
점ㄴ	점(ㅂ)	점ㄹ	점(ㅇ)

대응변			
변ㄱㄴ	변(ㅁㅂ)	변ㄷㄹ	변(ㅅㅇ)
변ㄴㄷ	변(ㅂㅅ)	변ㄹㅁ	변(ㅇㄱ)

대응각			
각ㄱㄴㄷ	각(ㅁㅂㅅ)	각ㄷㄹㅁ	각(ㅅㅇㄱ)
각ㄴㄷㄹ	각(ㅂㅅㅇ)	각ㄹㅁㅂ	각(ㅇㄱㄴ)

점대칭도형을 그리려고 합니다. 물음에 답하세요.

① 위의 모눈종이에 점 ㄷ, 점 ㄹ, 점 ㅁ의 대응점을 각각 표시해 보세요.

② 위의 모눈종이에 점들을 곧게 이어 점대칭도형을 완성해 보세요.

Unit 04

40 펜토미노 퍼즐

정답 93쪽

04 대칭도형 41

42 ~ 43 페이지

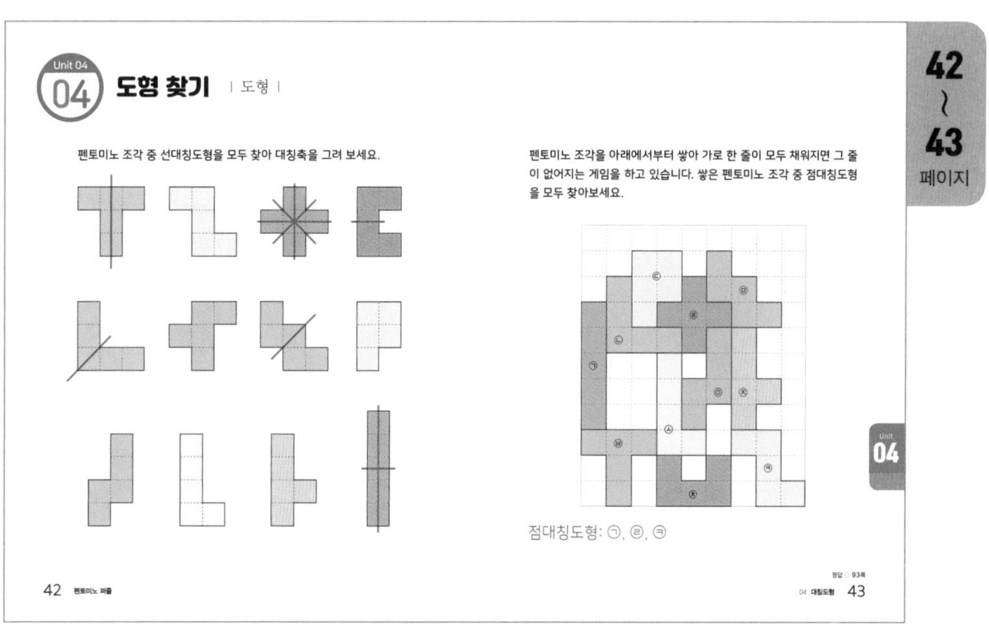

Unit 04 04 도형 찾기 | 도형 |

펜토미노 조각 중 선대칭도형을 모두 찾아 대칭축을 그려 보세요.

펜토미노 조각을 아래에서부터 쌓아 가로 한 줄이 모두 채워지면 그 줄이 없어지는 게임을 하고 있습니다. 쌓은 펜토미노 조각 중 점대칭도형을 모두 찾아보세요.

점대칭도형: ㉠, ㉣, ㉫

Unit 04

42 펜토미노 퍼즐

정답 93쪽

04 대칭도형 43

Unit

05 모양 만들기 | 문제 해결 |

46 ~ 47 페이지

Unit 05

01 조각 맞추기 | 문제 해결 |

주어진 펜토미노 조각을 한 번씩만 이용하여 제시된 모양을 만들어 보세요. (단, 각 조각은 뒤집거나 돌릴 수 있습니다.)

예

예

Unit 05

46 펜토미노 퍼즐

정답 94쪽

05 모양 만들기 47

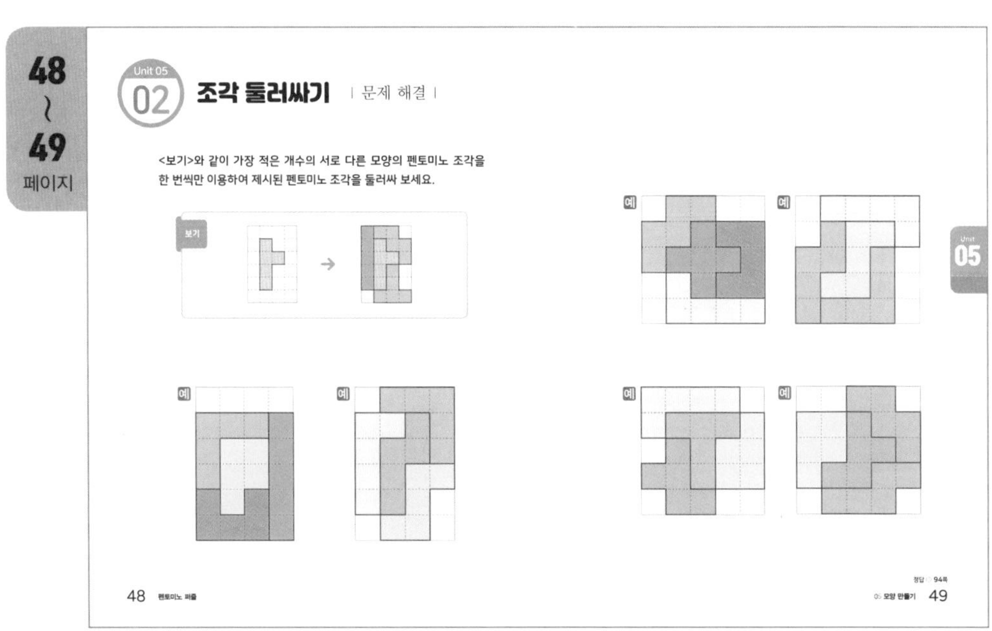
48 ~ 49 페이지

Unit 05

02 조각 둘러싸기 | 문제 해결 |

<보기>와 같이 가장 적은 개수의 서로 다른 모양의 펜토미노 조각을 한 번씩만 이용하여 제시된 펜토미노 조각을 둘러싸 보세요.

보기

예

예

예

예

예

예

Unit 05

48 펜토미노 퍼즐

정답 94쪽

05 모양 만들기 49

50 ~ 51 페이지

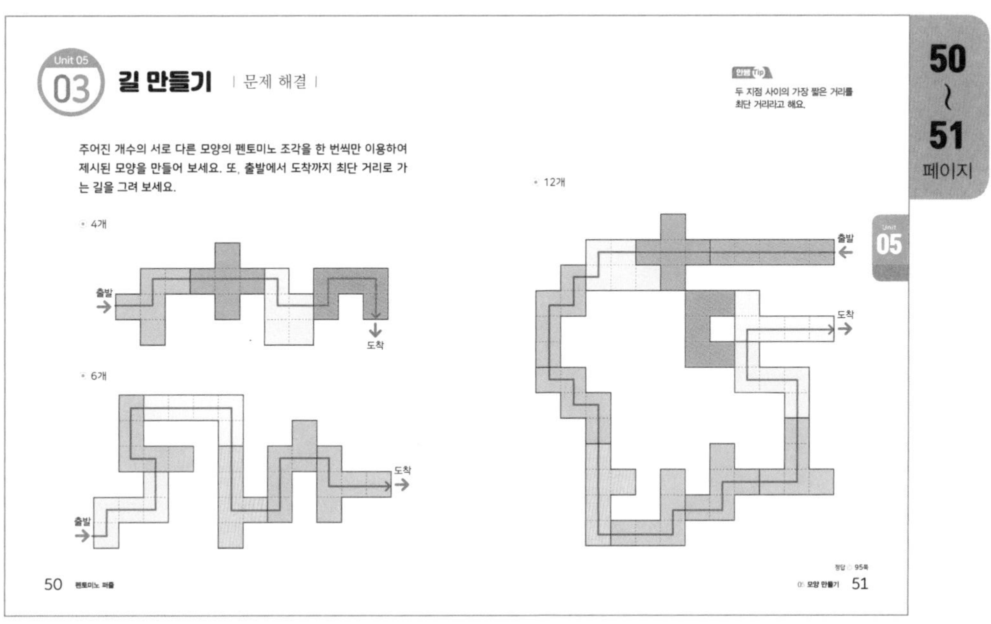

52 ~ 53 페이지

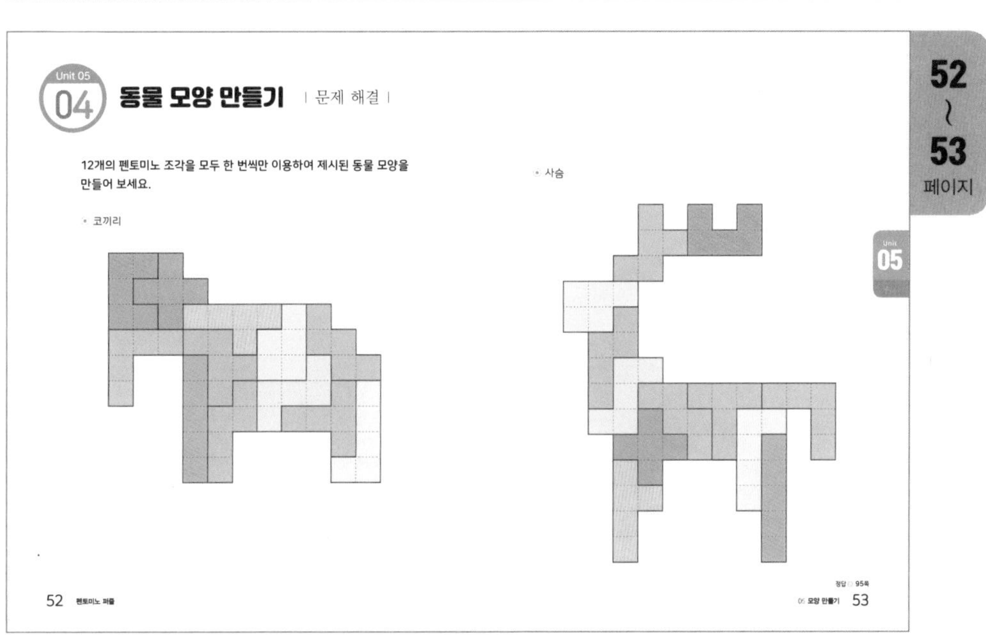

Unit 06 직사각형과 정사각형 | 수와 연산 |

56 ~ 57 페이지

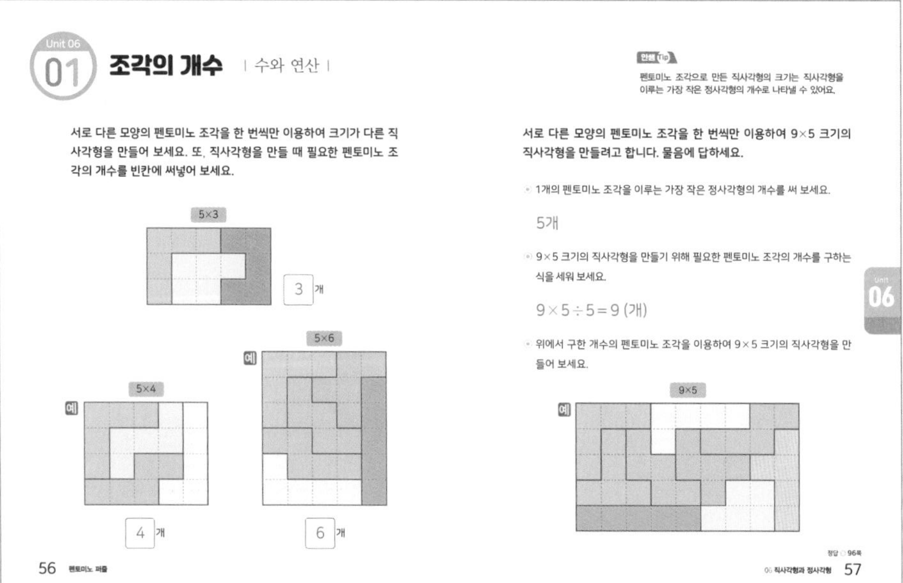

Unit 06 01 조각의 개수 | 수와 연산 |

서로 다른 모양의 펜토미노 조각을 한 번씩만 이용하여 크기가 다른 직사각형을 만들어 보세요. 또, 직사각형을 만들 때 필요한 펜토미노 조각의 개수를 빈칸에 써넣어 보세요.

5×3 — 3 개

예 5×4 — 4 개

예 5×6 — 6 개

56 펜토미노 퍼즐

만점 Tip

펜토미노 조각으로 만든 직사각형의 크기는 직사각형을 이루는 가장 작은 정사각형의 개수로 나타낼 수 있어요.

서로 다른 모양의 펜토미노 조각을 한 번씩만 이용하여 9×5 크기의 직사각형을 만들려고 합니다. 물음에 답하세요.

- 1개의 펜토미노 조각을 이루는 가장 작은 정사각형의 개수를 써 보세요.

  5개

- 9×5 크기의 직사각형을 만들기 위해 필요한 펜토미노 조각의 개수를 구하는 식을 세워 보세요.

  9×5÷5=9 (개)

- 위에서 구한 개수의 펜토미노 조각을 이용하여 9×5 크기의 직사각형을 만들어 보세요.

예 9×5

정답 96쪽

06 직사각형과 정사각형 57

58 ~ 59 페이지

Unit 06 02 직사각형 만들기 | 수와 연산 |

12개의 펜토미노 조각을 모두 한 번씩만 이용하여 만들 수 있는 직사각형을 한 가지 만들어 보세요.

- 12개의 펜토미노 조각을 이루는 가장 작은 정사각형의 개수는 모두 5 × 12 = 60 (개)이므로, 만들 수 있는 직사각형은 가장 작은 정사각형 60 개로 이루어져 있습니다.
- 가장 작은 정사각형 60 개로 만들 수 있는 직사각형의 크기는 다음과 같이 나타낼 수 있습니다.

1× 60	2× 30	3× 20
4× 15	5× 12	6× 10

→ 펜토미노 조각으로 만들 수 있는 직사각형의 크기: 3 × 20, 4 × 15, 5 × 12, 6 × 10

예 내가 만든 직사각형의 크기: 6 × 10

58 펜토미노 퍼즐

정답 96쪽

06 직사각형과 정사각형 59

예 3×20

예 4×15

예 5×12

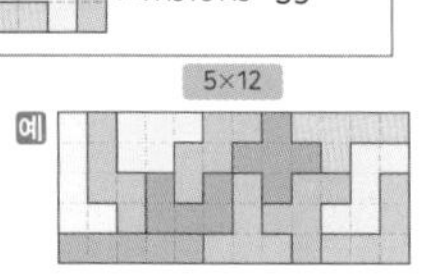

펜토미노 조각을 이루는 가장 작은 정사각형이 가로 방향과 세로 방향으로 모두 3개인 펜토미노 조각들이 있기 때문에 1×60과 2×30 크기의 직사각형은 만들 수 없습니다.

60 ~ 61 페이지

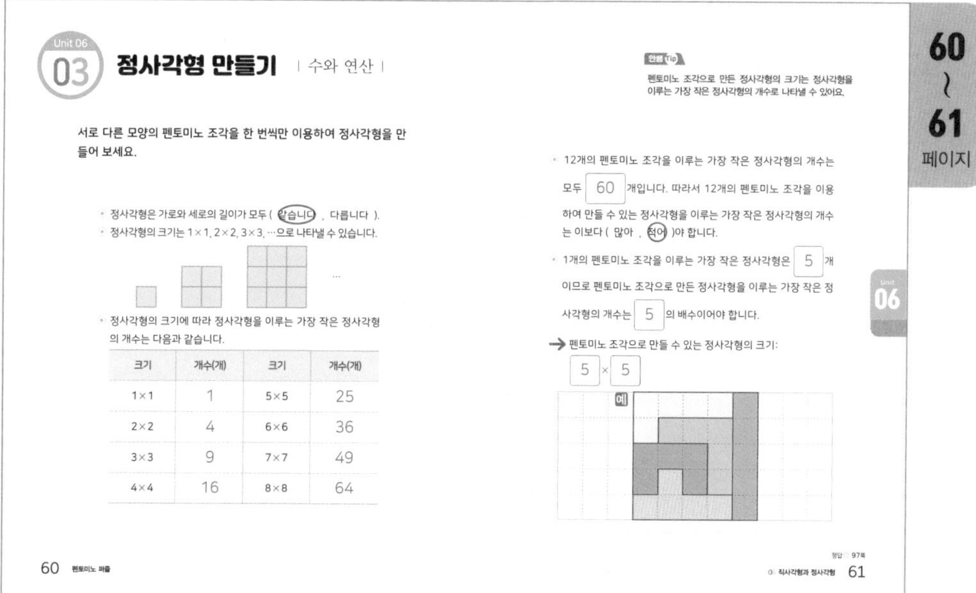

Unit 06 03 **정사각형 만들기** | 수와 연산 |

서로 다른 모양의 펜토미노 조각을 한 번씩만 이용하여 정사각형을 만들어 보세요.

- 정사각형은 가로와 세로의 길이가 모두 (같습니다 , 다릅니다).
- 정사각형의 크기는 1×1, 2×2, 3×3, …으로 나타낼 수 있습니다.
- 정사각형의 크기에 따라 정사각형을 이루는 가장 작은 정사각형의 개수는 다음과 같습니다.

크기	개수(개)	크기	개수(개)
1×1	1	5×5	25
2×2	4	6×6	36
3×3	9	7×7	49
4×4	16	8×8	64

안쌤 Tip
펜토미노 조각으로 만든 정사각형의 크기는 정사각형을 이루는 가장 작은 정사각형의 개수로 나타낼 수 있어요.

- 12개의 펜토미노 조각을 이루는 가장 작은 정사각형의 개수는 모두 60 개입니다. 따라서 12개의 펜토미노 조각을 이용하여 만들 수 있는 정사각형을 이루는 가장 작은 정사각형의 개수는 이보다 (많아 , 적어)야 합니다.
- 1개의 펜토미노 조각을 이루는 가장 작은 정사각형은 5 개이므로 펜토미노 조각으로 만든 정사각형을 이루는 가장 작은 정사각형의 개수는 5 의 배수이어야 합니다.

→ 펜토미노 조각으로 만들 수 있는 정사각형의 크기: 5 × 5

예

60 펜토미노 퍼즐 | 정답 97쪽 | 03 직사각형과 정사각형 61

62 ~ 63 페이지

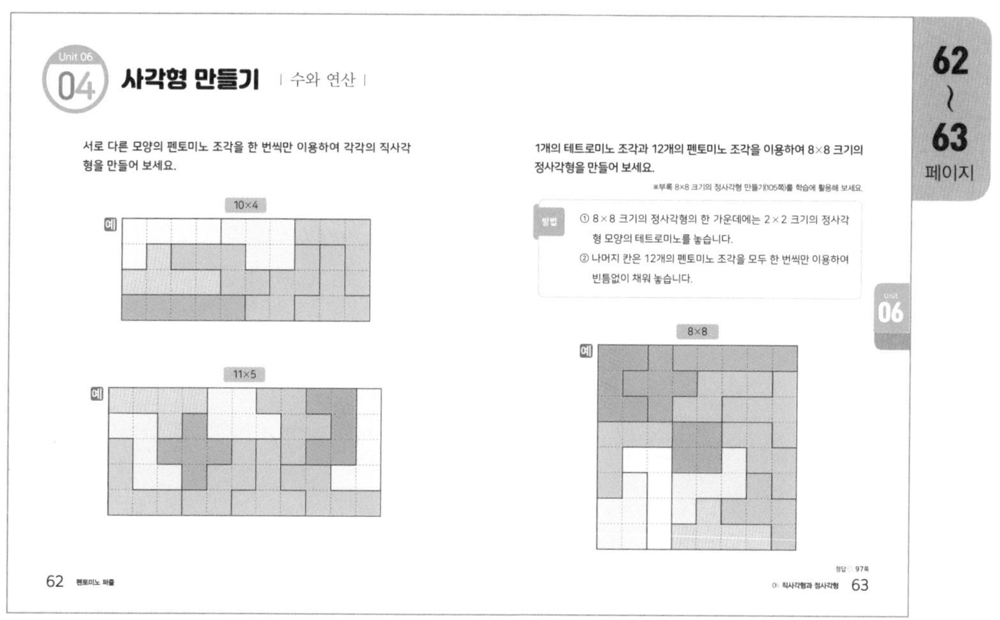

Unit 06 04 **사각형 만들기** | 수와 연산 |

서로 다른 모양의 펜토미노 조각을 한 번씩만 이용하여 각각의 직사각형을 만들어 보세요.

10×4
예

11×5
예

1개의 테트로미노 조각과 12개의 펜토미노 조각을 이용하여 8×8 크기의 정사각형을 만들어 보세요.

※부록 8×8 크기의 정사각형 만들기(105쪽)를 학습에 활용해 보세요.

방법
① 8×8 크기의 정사각형의 한 가운데에는 2×2 크기의 정사각형 모양의 테트로미노를 놓습니다.
② 나머지 칸은 12개의 펜토미노 조각을 모두 한 번씩만 이용하여 빈틈없이 채워 놓습니다.

8×8
예

62 펜토미노 퍼즐 | 정답 97쪽 | 03 직사각형과 정사각형 63

Unit

07 도형의 둘레 | 도형 |

66 ~ 67 페이지

Unit 07 01 둘레 구하기 | 도형 |

안쌤 Tip
도형의 테두리 또는 테두리의 길이를 둘레라고 해요.

펜토미노 조각의 둘레를 구하는 방법을 알아보세요.

⊙ 방법 1: 변의 길이를 모두 더하여 구합니다.

5+1+5+1= 12

⊙ 방법 2: 직사각형으로 만들어 구합니다.

3+2+3+2= 10

⊙ 방법 3: 직사각형으로 만들어 구하고, 남는 변의 길이를 더합니다.

3+2+3+2+1+1= 12

주어진 펜토미노 조각의 둘레를 구해 보세요.

24 24

정답 ○ 98쪽

66 펜토미노 퍼즐 07 도형의 둘레 67

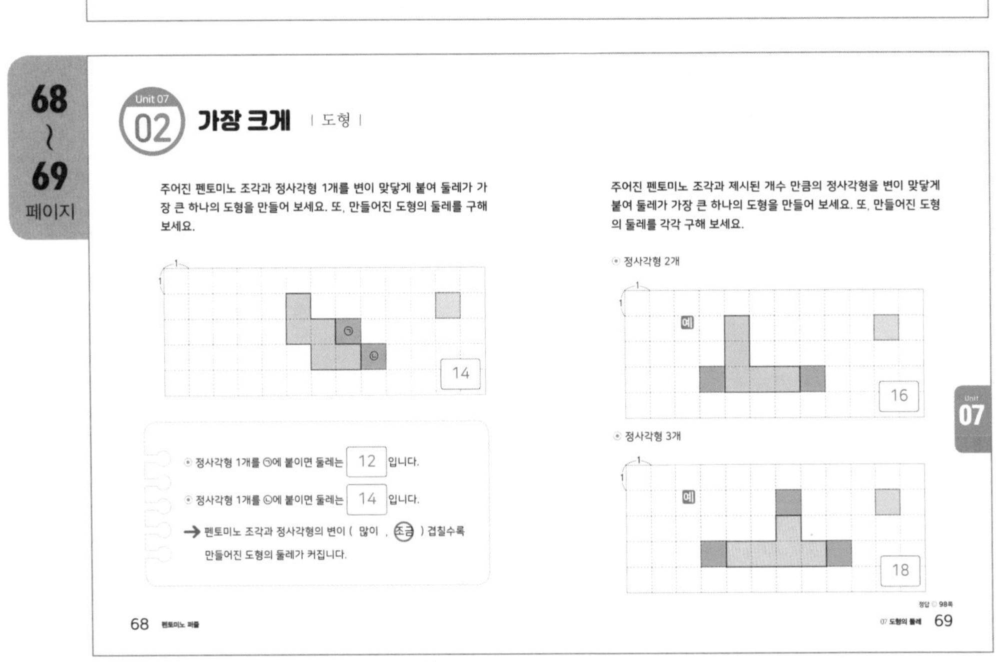

70 ~ 71 페이지

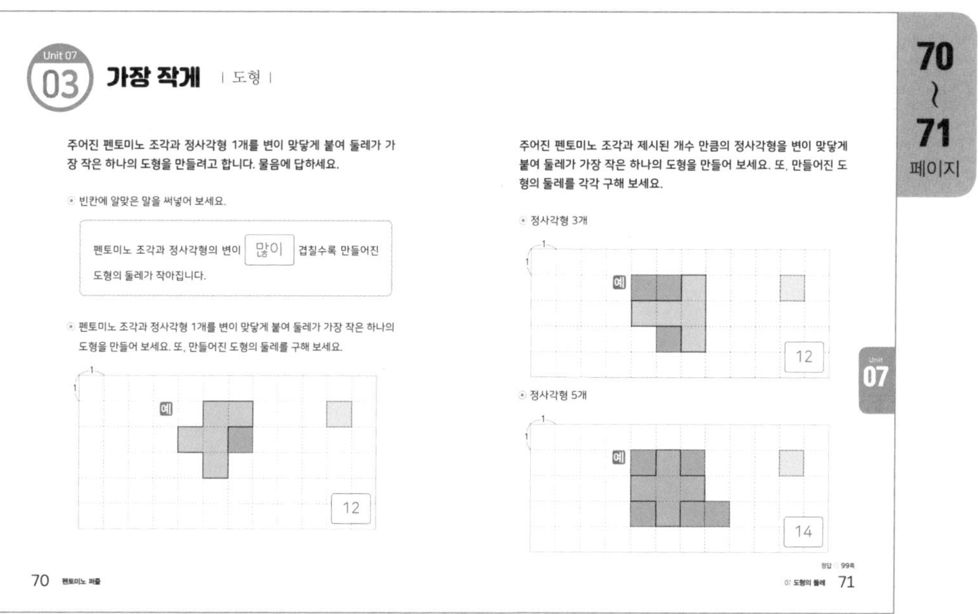

72 ~ 73 페이지

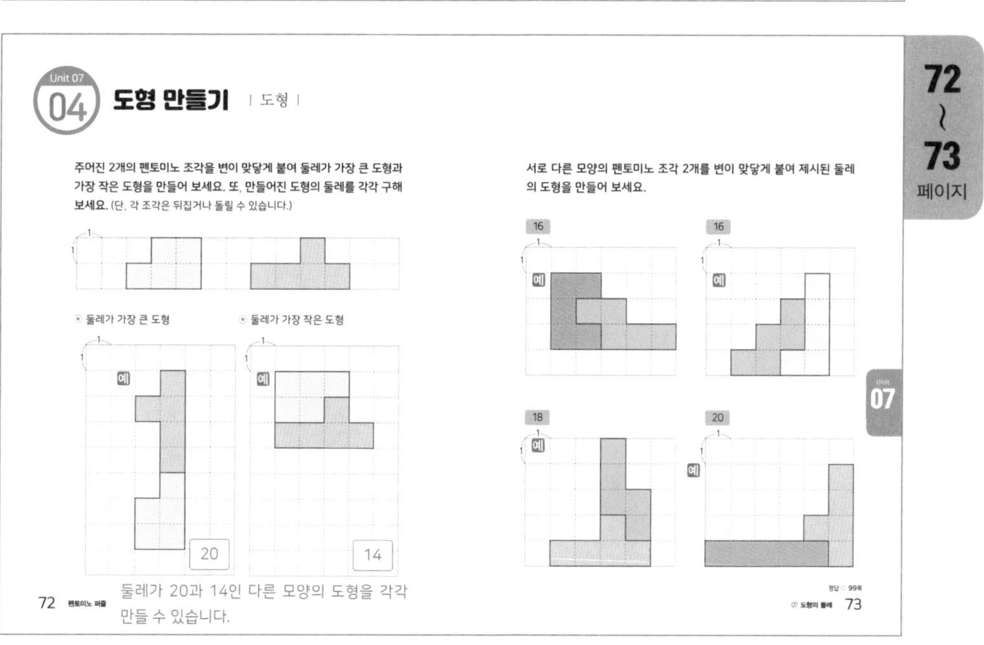

Unit 08

펜토미노 퍼즐 | 문제 해결 |

76 ~ 77 페이지

Unit 08 01 **상자 퍼즐** | 문제 해결 |

다음은 펜토미노 모양의 종이를 점선을 따라 접어 뚜껑이 없는 상자를 만드는 과정을 나타낸 것입니다.

위와 같이 점선을 따라 접을 때 뚜껑이 없는 상자를 만들 수 있는 모양을 모두 찾아 ○표 해 보세요.

(○) ( ) (○)

(○) (○)

뚜껑이 없는 상자의 밑면에 ★을 표시했습니다. 이 상자를 펼친 모양에서 밑면을 찾아 ★표 해 보세요.

76 펜토미노 퍼즐

정답 ○ 100쪽

08 펜토미노 퍼즐 77

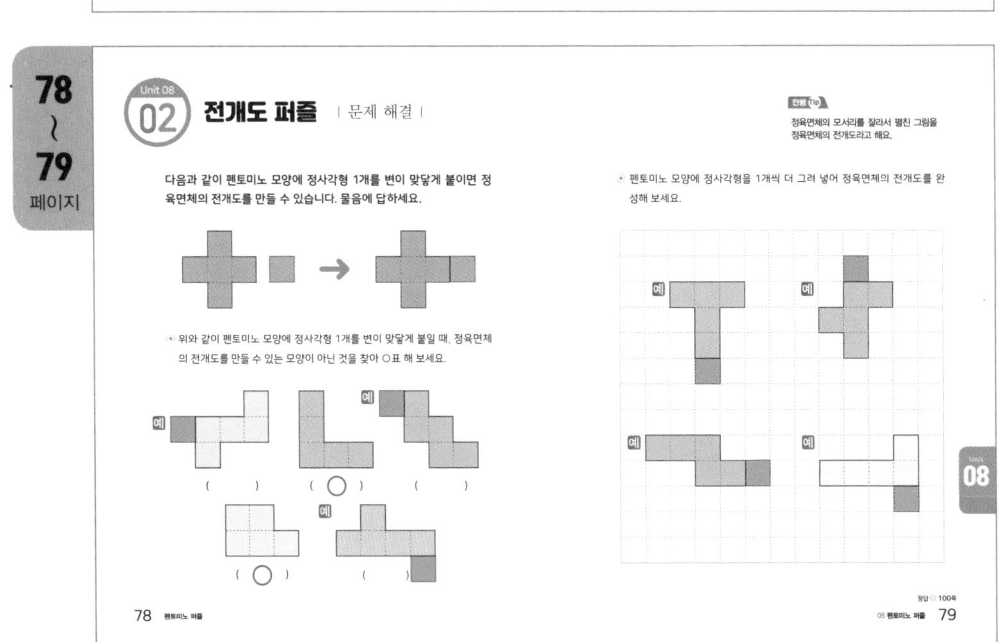

78 ~ 79 페이지

Unit 08 02 **전개도 퍼즐** | 문제 해결 |

다음과 같이 펜토미노 모양에 정사각형 1개를 변이 맞닿게 붙이면 정육면체의 전개도를 만들 수 있습니다. 물음에 답하세요.

위와 같이 펜토미노 모양에 정사각형 1개를 변이 맞닿게 붙일 때, 정육면체의 전개도를 만들 수 있는 모양이 아닌 것을 찾아 ○표 해 보세요.

예 ( ) (○) 예 ( )

(○) 예 ( )

한뼘 Tip
정육면체의 모서리를 잘라서 펼친 그림을 정육면체의 전개도라고 해요.

펜토미노 모양에 정사각형을 1개씩 더 그려 넣어 정육면체의 전개도를 완성해 보세요.

예 예 예 예

78 펜토미노 퍼즐

정답 ○ 100쪽

08 펜토미노 퍼즐 79

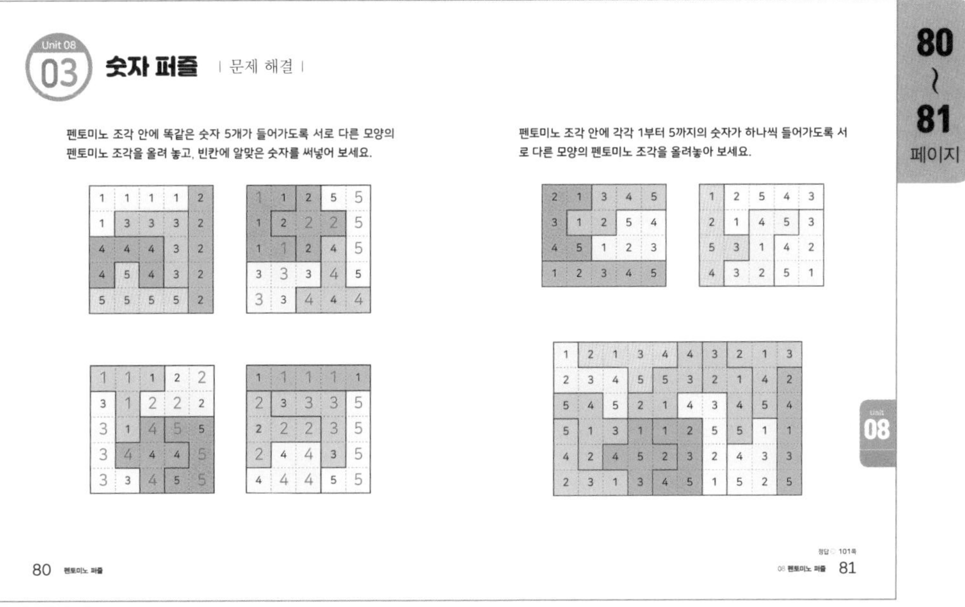

80 ~ 81 페이지

Unit 08

03 숫자 퍼즐 | 문제 해결 |

펜토미노 조각 안에 똑같은 숫자 5개가 들어가도록 서로 다른 모양의 펜토미노 조각을 올려 놓고, 빈칸에 알맞은 숫자를 써넣어 보세요.

1	1	1	1	2
1	3	3	3	2
4	4	4	3	2
4	5	4	3	2
5	5	5	5	2

1	1	2	5	5
1	2	2	2	5
1	1	2	4	5
3	3	3	4	5
3	3	4	4	4

1	1	1	2	2
3	1	2	2	2
3	1	4	5	5
3	4	4	4	5
3	3	4	5	5

1	1	1	1	1
2	3	3	3	5
2	2	2	3	5
2	4	4	3	5
4	4	4	5	5

펜토미노 조각 안에 각각 1부터 5까지의 숫자가 하나씩 들어가도록 서로 다른 모양의 펜토미노 조각을 올려놓아 보세요.

2	1	3	4	5
3	1	2	5	4
4	5	1	2	3
1	2	3	4	5

1	2	5	4	3
2	1	4	5	3
5	3	1	4	2
4	3	2	5	1

1	2	1	3	4	4	3	2	1	3
2	3	4	5	5	3	2	1	4	2
5	4	5	2	1	4	3	4	5	4
5	1	3	1	1	2	5	5	1	1
4	2	4	5	2	3	2	4	3	3
2	3	1	3	4	5	1	5	2	5

80 펜토미노 퍼즐

정답 ○ 101쪽

08 펜토미노 퍼즐 81

Unit 08

82 ~ 83 페이지

Unit 08

04 달력 퍼즐 | 문제 해결 |

다음과 같은 <방법>으로 펜토미노 달력에 18일을 나타내어 보세요.

방법
① 6개의 서로 다른 모양의 펜토미노 조각을 사용합니다.
② 나타내야 하는 날짜에 ○표 합니다.
③ ○표 한 칸을 제외한 나머지 칸에 펜토미노 조각을 빈틈없이 올려놓습니다.

예

펜토미노 달력						
1	2	3	4	5	6	7
8	9	10	11	12	13	14
15	16	17	(18)	19	20	21
22	23	24	25	26	27	28
29	30	31				

? 위의 펜토미노 달력을 나타낼 때 6개의 펜토미노 조각을 사용하는 이유를 설명해 보세요.

6개의 펜토미노 조각을 이루는 가장 작은 정사각형의 개수는 $6 \times 5 = 30$ (개)입니다. 따라서 달력의 31칸 중 18이 적힌 칸을 제외한 나머지 30칸 위에 올려놓을 수 있습니다.

다음과 같은 <방법>으로 펜토미노 달력에 2024년 6월 25일 화요일을 나타내어 보세요.

방법
① 10개의 서로 다른 모양의 펜토미노 조각을 사용합니다.
② 나타내야 하는 년, 월, 일, 요일 칸에 ○표 합니다.
③ ○표 한 칸을 제외한 나머지 칸에 펜토미노 조각을 빈틈없이 올려놓습니다.

예

펜토미노 달력								
22년	23년	(24년)	25년	1월	2월	3월	4월	5월
(6월)	7월	8월	9월	10월	11월	12월	1일	2일
3일	4일	5일	6일	7일	8일	9일	10일	11일
12일	13일	14일	15일	16일	17일	18일	19일	20일
21일	22일	23일	24일	(25일)	26일	27일	28일	29일
30일	31일	월	(화)	수	목	금	토	일

82 펜토미노 퍼즐

정답 ○ 101쪽

08 펜토미노 퍼즐 83

Unit 08

퍼즐
수학 사고력
UP!
MEMO

펜토미노

※ 펜토미노 조각을 가위로 오려 사용하세요.

자르는 선

8×8 크기의 정사각형 만들기

※ 각 조각을 가위로 오려 사용하세요.

자르는 선

좋은 책을 만드는 길
독자님과 함께하겠습니다.

도서나 동영상에 궁금한 점, 아쉬운 점, 만족스러운 점이
있으시다면 어떤 의견이라도 말씀해 주세요.
SD에듀는 독자님의 의견을 모아 더 좋은 책으로 보답하겠습니다.

www.sdedu.co.kr

안쌤의 사고력 수학 퍼즐 펜토미노 퍼즐

초 판 발 행	2023년 01월 05일 (인쇄 2022년 11월 25일)
발 행 인	박영일
책 임 편 집	이해욱
저 자	안쌤 영재교육연구소
편 집 진 행	이미림 · 이여진 · 피수민
표지디자인	조혜령
편집디자인	최혜윤
발 행 처	(주)시대교육
공 급 처	(주)시대고시기획
출 판 등 록	제 10-1521호
주 소	서울시 마포구 큰우물로 75 [도화동 538 성지 B/D] 9F
전 화	1600-3600
팩 스	02-701-8823
홈 페 이 지	www.sdedu.co.kr
I S B N	979-11-383-3817-2 (63410)
정 가	12,000원

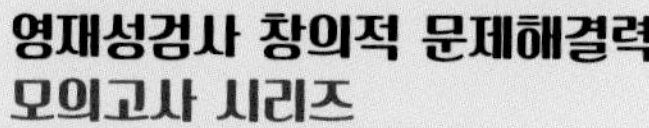

수학이 쑥쑥! 코딩이 척척!
초등코딩 수학 사고력 시리즈

- 초등 SW 교육과정 완벽 반영
- 수학을 기반으로 한 SW 융합 학습서
- 초등 컴퓨팅 사고력+수학 사고력 동시 향상
- 초등 1~6학년, 영재교육원 대비

영재성검사 창의적 문제해결력
모의고사 시리즈

- 영재성검사 기출문제
- 영재성검사 모의고사 4회분
- 초등 3~6학년, 중등

스스로 평가하고 준비하는
대학부설·교육청
영재교육원 봉투모의고사 시리즈

- 영재교육원 집중 대비 · 실전 모의고사 3회분
- 면접 가이드 수록
- 초등 3~6학년, 중등

AI와 함께하는
영재교육원 면접 특강

- 영재교육원 면접의 이해와 전략
- 각 분야별 면접 문항
- 영재교육 전문가들의 연습문제